最美极客：
一个强迫症患者的
自我救赎之路

[美] 梅丽莎·博伊尔（Melissa Boyle） 著

闻俊杰 译

中国科学技术出版社

·北 京·

Geek Magnifique: Finding the Logic in my OCD by Melissa Boyle /ISBN:9781912478019
The original English edition was published as "Geek Magnifique" 2018 Trigger Publishing,
Nottinghamshire NG24 4TS,United Kingdom.Copyright© Melissa Boyle 2018.
Published by arrangement with Marlene Sturm Rights Agent (www.sturmrights.com)
Melissa Boyle asserts his/her moral right to be identified as the author of this work.
The simplified Chinese translation rights arranged through Rightol Media（本书中文简体
版权经由锐拓传媒取得 Email:copyright@rightol.com）

北京市版权局著作权合同登记 图字：01-2020-5522。

图书在版编目（CIP）数据

最美极客：一个强迫症患者的自我救赎之路 /（美）梅丽莎·博伊尔著；

闻俊杰译 . —北京：中国科学技术出版社，2020.10

书名原文：Geek Magnifique: Finding the Logic in my OCD

ISBN 978-7-5046-8776-0

Ⅰ. ①最… Ⅱ. ①梅… ②闻… Ⅲ. ①成功心理–通俗读物 Ⅳ. ① B848.4–49

中国版本图书馆 CIP 数据核字（2020）第 183426 号

策划编辑	田 睿	赵 嵘	
责任编辑	陈 洁		
封面设计	马筱琨		
版式设计	锋尚设计		
责任校对	吕传新		
责任印制	李晓霖		

出　　版	中国科学技术出版社
发　　行	中国科学技术出版社有限公司发行部
地　　址	北京市海淀区中关村南大街 16 号
邮　　编	100081
发行电话	010-62173865
传　　真	010-62173081
网　　址	http://www.cspbooks.com.cn

开　　本	880mm × 1230mm　1/32
字　　数	145 千字
印　　张	7.5
版　　次	2020 年 10 月第 1 版
印　　次	2020 年 10 月第 1 次印刷
印　　刷	北京华联印刷有限公司
书　　号	ISBN 978-7-5046-8776-0/B·60
定　　价	59.00 元

（凡购买本社图书，如有缺页、倒页、脱页者，本社发行部负责调换）

出版者的话

本书的主人公是梅丽莎·博伊尔，她的人生曾一度处于"灰色地带"的阶段。这源于8岁时她所经历的那场"噩梦"，从此，植根于内心的恐惧和不安感，让她患上了强迫症和恐呕症。但她从未放弃过自己，她不断地寻求帮助，找寻内心的"出路"。

博客就是她寻找的"出路"之一。她的"最美极客"博客里，描述了她经历的痛苦以及寻求帮助的过程。越来越多的人关注了她并给了她鼓励，而本书也因此产生。

原书提到了主人公的很多痛苦经历。在这样的状态下，梅丽莎·博伊尔难免会做出错误的选择，例如她最终没有与父母和解。类似的行为是不恰当的。我们担心这可能会误导读者，直接效仿主人公的行事方法。但是我们依旧为主人公能够走出困境而感动，其自我救赎的过程充满了正能量。她的勇气可以鼓舞到处于同样困境或处于艰难状态下的读者。因此最终我们还是决定将本书分享给大家。

我们希望主人公梅丽莎·博伊尔可以冲破"灰暗"，在人生的新阶段缓和与父母的关系，家庭幸福，在寻找自我内心安宁的道路上开心、快乐。如果阅读本书的你或者身边的家人、朋友也遇到了类似的人生困惑，我们希望梅丽莎的故事能够供你们参考借鉴，能够给你们带来力量和勇气，收获幸福。

序

"一、二、三、四、五……"

一只狗吠了起来。

"一、二、三、四、五、六、七……"

马桶冲水声。重新开始。

"一、二、三、四、五……"

这件事我已经做了20分钟了，我真的很累，很想睡觉，但我必须这么做，这很重要。

"一、二、三、四……"

我听到汽车喇叭发出响亮的嘀嘀声。

我开始感觉很热，身上又湿又黏，这让我很沮丧。胃里的恶心感也在翻腾，就像后背上的皮肤瘙痒一样，很痒但就是抓不到。我必须不间断地念到一百。这是结束这种感觉的唯一方式，只有这样大脑才能让我休息。

这时我已汗流浃背，眼里充满了沮丧的泪水。

"一、二、三、四、五、六、七、八、九……"

这次我能数到的，我有预感。

"十、十一、十二、十三……"

我开始浑身发抖，情绪错综复杂——既有沮丧，也有期待，还有恐惧。

"十四,十五……"

另一只狗吠了起来。

这一次,我发出了一声丧气的哀号。妈妈进来了。

她问我怎么了,但我不知道该说什么。

我为什么要这么做?我能做到的最好解释就是,有一种无名无形的、邪恶的恐惧驱使着我这么做。

那时我8岁,每天晚上睡觉前都要面临这样一场心理战斗,这场战斗让我害怕入睡,恳求爸爸再给我讲一个故事!

但这只是个开始,一场心理拉锯战的开始,它将带我走上一段陌生而又黑暗的艰难道路。接下来的几年里,我面临的挣扎让我一度万念俱灰。成年后,我患上了恐呕症———一种对呕吐的恐惧,它不断地削弱我,迫使我采取越来越极端和危险的方式来避免呕吐。

我当时并不知道,自己的仪式化行为会随着时间的推移而改变,演变成不同的恶魔,动不动就会嘲笑我。我更不知道这些恶魔有一个统称:强迫症。

｛目录｝

第一章

梅丽莎·博伊尔
心理疾病开始的日子

童年的我有点古怪。读书这方面我聪慧过人，但在情绪上，我就像是个定时炸弹，时不时会爆发。但凡心里有点不安，我就会左思右想，烦恼很久。

我的这种日常行为很快变成了强迫行为。打个比方，每次洗手我都会在手上打满肥皂泡，将手伸进滚烫的热水里，然后就这么泡在水里，洗完手后我坚决不碰那些"脏"东西。因为在我看来，"脏"的东西非常多。

这就是清洁类强迫症，简单来说，我的大脑将周围所有事物都视为潜在威胁。一般人的大脑多数时候都会感觉安全，可我的大脑总是被不安感所困扰。这就好像我的脑袋装了更敏感的预警雷达。可能你无法体会这种感觉，用四个字来形容——精疲力竭。

我跟爸妈的关系总是有点紧张。因为爸爸在家办公，工作地点没有限制，所以在我很小的时候，妈妈就说我们应该去环游世界。这么看来，我的成长经历既丰富又优越，但其他时候，我也会感到孤单与不安。

我们住过一些很漂亮的地方，有斐济、新西兰、法国南部，还有蒙特塞拉特岛。我有幸体验到了精彩的多种文化，结交了有趣的朋友，还见识到不同的生活方式，这既让我感到谦卑，也带给我自信。

即便如此，我还是感到孤单，像无根的浮萍。我从来没有机会交知心好友，也没有能真正安居下来的家。妈妈给我讲过一个故事。有一次我们坐长途航班，我醒来后竟然不知道自己在哪里，时间是几点，白天还是黑夜，我们要去哪里，我都不知道。妈妈因此嘲笑了我一番。这明明算是一件挺可爱的小事，但我现在回想起来，只觉得难过。到我七八岁的时候，我们终于回到了英国，在北安普敦郡租了一套小屋。一开始妈妈在法国有工作要收尾，只有我和爸爸一起住在英国。妈妈不在家，我有点不习惯，但换个角度看也挺好。少了妈妈每天施加的压力，我稍微能松口气了。妈妈不用给我补数学课，我也不用做记忆训练了。我跟隔壁的老人成了朋友，感觉自己有点正常小孩的样子了。

有一段时间，爸爸在办公室上班。碰上哪天他要加班到很晚，我会在晚上去看他。我喜欢在办公室里瞎跑，把所有的书翻一遍，再跑到旋转架上玩。后来，妈妈也回到了英国，我们就在附近的小镇买了房安顿下来。对我来说搬家是件好事，新学校我很喜欢，认识了一些好朋友，并且也开始上跆拳道课。我喜欢我们的新家，家里有一个很大的卧室，还养了两只猫——"鲍里斯"和"大力神"。在那里住的几年，我们一家人的生活十分愉快，还联系上了好久不联系的亲戚。我能感觉到开心幸福的童年生活正在向我招手。

当然也就在这时，我的强迫症开始显现。我变得越来越焦虑不安，心情总是处于低谷。最终爸妈决定，带我去一个新的地方，让我有一个"全新的开始"。我完全崩溃了，这只是他们的意愿，完全不是我需要的。现在回头看，我真正需要的也许是专业帮助。

1998年我们又搬了家。一开始，我并不喜欢新的小镇。新家不是很好看，原房主将屋子涂成了石灰绿和橙色，色调看上去很扎眼，屋里也没有小花园。之前我住的地方是一座既漂亮又宁静的私人住宅，但新家是位于一条破旧路上的排房。到了晚上我睡不着觉，不是因为半夜上厕所，而是因为一群海鸥在屋顶安了窝，没日没夜地叽叽喳喳叫个不停。

于是，生活又一次归零重启，我去了新的学校，没有任何朋友。不过，我成功适应了新的环境。等到初中要开学了，我无比激动——所有人一定和我的情况差不多，大家都是新生报到，紧张得不行。在学校，我很感激总有人逼迫着我读好书。可有些时候，我想做个小孩都不行。不知道因为我是独生子女，还是爸妈就想让我变得成熟，我所有"小孩子"的行为都会被嘲笑看不起。

我每次哭的时候都会被爸妈看作抱怨，对此他们总是不屑一顾，觉得我只是太敏感。妈妈说我的卧室应该装饰得像大人的风格，颜色要选暗色调，地板用硬木材质最好。我想看的卡通片也都换成了更加严肃的电影。因此，我觉得自己做个幼稚小孩很难。在爸妈看来，我的所见所闻一举一动，都该有大人的模样。

不知道该怎么形容，我感觉父母期待我能拥有远超同龄人的聪明。有一次在找房子（那时候我大概九岁），房产经纪人问我觉得家里有哪些东西是必需的。我把之前听爸妈提到过的全说了一遍——一个车库，一个小花园，三室两卫。我妈听后笑着说，想要拥有这些简直是痴人说梦。我顿时感觉自己傻透了，尴尬地低下了头，一句话也不说。难道妈妈是指望我了解房地产市场，还是清楚我们家的合理预算是多少？要知道，那时候我才九岁，妈妈应该心里偷着乐，我没有向她吵着要滑梯，只是选择了楼梯，也没有要求给我的独角兽安个小围场。

我参加过示范课，这是一套课后的数学课程（是不是听上去很酷？）记得有一次我们上公开课，让人们观摩示范课是如何上课的。在课上，我们要在规定时间内，用最快速度做完一本标准小册子里的算术题，以此来展示我们所学的技能。现在回想起来，我觉得这样的方式有点奇怪。做算术题算不上一项观赏性体育项目，我想不到什么样的人才会驻足观看。

那时候我的算术水平是H级（能做一些分数算术和更复杂的运算）。但公开课那天，我只想做一些简单的算术。在周六，我本该和小伙伴一起出去玩，而我却在这里做愚蠢至极的数学题，我真是一点儿心思也没有。妈妈看见我在做最初级的算术题，骂了我一顿，然后冷笑着说："别人会以为你是智障的。"

　　我瞬间感到自己很无能，恨不得找个洞钻进去。所幸的是没有人听到。

　　只要妈妈觉得我立的目标不值得追求，她就会让我感到孤立无援，觉得自己竟愚蠢到去追求不值一提的东西。承受着爸妈一直以来给予的压力，对自我缺乏认可，让我变得对自己尤为苛刻。哪怕现在，只要我流露过多感情都会觉得尴尬。或许一点点小事我都会道歉，总是想着怎样做才能讨好别人。有时候，我很害怕自己会惹别人不高兴，或者冒犯别人。我经常会安慰自己，在我的生活中还是有爱我的人。我真的害怕稍有说得不对，就会毁了我们的感情。

　　我认为跟爸妈的这种关系是促成我目前心理状况的重要因素，也是以后我在心理康复之路上重点探寻的内容。

　　如果你割破手见了血，神经系统会迅速做出反应，触发你身体上的痛感。你不会坐着不动，告诉自己没事的。你会马上给伤口敷药，照料伤口到痊愈为止。在你的脑袋里，不会有一个愤怒的声音告诉你，这是你的错，要是你止住疼痛，会有很可怕的后果。

但心理疾病经常会扮演这个声音。它会告诉你，疼痛感是你的错，如果止住疼痛会有可怕的后果。它会欺骗你，让你误以为一切都好，哪怕所有迹象都表明你糟透了。

我花了很长时间才鼓足勇气，直面那些可能导致后果的问题，去释放自己，希望找回原本的自己。

我饱受摧残的脑子曾几度让我失望。最艰难的一次是在我心理康复期，有段时间我感觉自己已经病入膏肓，彻底没救了。随着时间的推移，我开始寻求帮助。慢慢地，我开始赢得每天与大脑的战役。我找回了那个尘封已久的梅丽莎，拂去她身上的灰尘，向她证明事情会有转机，一切都会变好。

讲述这个故事，不是为了让你惧怕心理疾病。如果你也像我一样在与心魔做斗争，希望本书能给你传递希望。如果你正在挣扎，希望我的故事能给你一点儿勇气，向你展示，即便是黑暗的隧道尽头也有光明。

假如你愿意继续读下去，我向你保证，本书将用真诚回馈你，令你深思，（这种俗套话我自己都觉得腻，但是我都能拿

最美极客：
一个强迫症患者的自我救赎之路

自己开玩笑，这难道不是很鼓舞人心？）同时希望给你一直带来欢笑。

准备好了吗？

让我们一同拿起梳子，去解开我可笑的小脑袋里的结；去深入我琢磨不透的大脑，试着去弄懂它；让我们过滤掉那些不合理的想法，从不合逻辑中寻找逻辑。

|第二章|

改变我的
那个男人

八岁的时候，一个家人朋友开始对我毛手毛脚。起初，他会对我说一些具有暗示性的话。直觉告诉我这些话不是什么正常的话，那时我还太小，无法真正理解其含义。但是这些不当的言语就如同困扰着我脑袋的恶魔，很快就变了样，变得更加丑陋无比。

我开始惧怕和他单独相处。我们会一起去打网球，爸爸有空的时候也会加入。如果爸爸忙不能来，我就开始大哭，假装生病，找其他的理由，就为了不跟他打网球。

我大一点儿的时候，他来拜访我们家。我记得他给我拍了很多照片，还评价了我的外貌。他的一些评论让我感觉很不舒服，这些话听上去更像是情人之间说的，而不是出自一个亲戚朋友之口。

有一次他带我去海滩边，很随意地将手滑到我的内衣上，抓住了我的胸部。他对我的侵犯是如此的公开和肆无忌惮，甚至让我怀疑他没有做错任何事。事后，他让我不要把这件事告诉任何人，因为这会惹我爸妈不高兴，他会因此坐牢。在回家的路上，他给我买了张布兰妮的CD。

我13岁生日那天，全家去了他的公寓。爸妈出门去给我买蛋糕了，我记得他说了一些我已经长成女人了的话，然后让我亲他。

这种侵犯不再停留在和平方式。我不能这样坐着任由他触摸我；他逼我亲吻他。我不想这样做——我甚至想推开他——但他还是强迫我亲吻他。

那天晚上，我知道必须告诉爸妈这件事了。我刚刚拆了一份来自学校朋友的生日礼物，里面是一只小海豚玩具，我躺在床上玩了很久。这一天格外艰难，我哭了好几次，和爸妈吵了架。但奇怪的是，在那一刻我决定告诉他们，不是觉得这样就能阻止这种侵犯，而是想要他们明白为什么我今天如此难相处。

我没有在楼上叫他们，只是放声大哭，声音大到他们能听见。等爸妈上楼，坐在我床头边时，我到了嘴边的话又难以启齿。不知道你有没有这样的经历，跟一个人谈话之前会先思考，如果突然无缘无故地对他说了些冒犯的话，那么别人会怎么想。但是你想象不到他们的反应，因为这是你永远无法经历的场景。这就是我当时的感觉。我丝毫不知他们会有何反应。

我已经不记得当时说的内容了，但我清晰地记得妈妈下了楼，开始剧烈地呕吐。然后，我听到妈妈给他打了电话，告诉他从此不要再跟我们有联系。爸爸还是一如既往地镇定自若，他一言不发，让妈妈掌控全局。

奇怪的是，虽然我知道他的所作所为是错误的，可一旦事情结束了，我却没有任何的感觉。我知道，我应该感到伤心或者愤怒，但我心底里不相信自己会有感觉，我什么也感觉不到。人们会用手去戳淤青，以此来判断伤口是否还会痛。我也会去想他对我做的那些事，然后看自己会有什么反应。等到好不容易内心有了微小的情绪，却感觉是逼迫自己得来的。因此，我选择隐藏发生的一切，害怕意识到自己不愿意相信的一点——我和别人不一样。我害怕自己内心冷漠或是有创伤，我也不想去考虑这对我个人的意义。

第三章

跟着我念：
所有恐惧症
都是纸老虎

你还在读吗?谢天谢地!就凭着你还在坚持读这本书的精神,你应该奖励自己一瓶啤酒,快去拿一瓶。我等你。

酒足饭饱了吗?好,那我们继续。

你买这本书(顺便说一句,非常感谢您)大概是因为书的内容跟恐呕症有关。也许你也曾有过类似的经历,也许你认识的某个人正在经历着,因此希望进一步了解它。恐呕症,坦白地说,是一件相当可怕的事情。

不过你可能知道,跟亲人说自己患有恐呕症,得到的回应总是令人失望。通常来说,他们会有以下三种反应:

1. "噢,我也有这个病。"

当然,这话不错,但我的经验是,人们经常会把自己对呕吐的厌恶说得很夸张。讨厌呕吐(谁会喜欢?!)和对呕吐严重的恐惧两者之间有着本质的区别。后者会导致你无法独自吃饭,有时候甚至不能离开家。

2. "可是没有人喜欢恶心的感觉啊。"

那当然了,就像我说的那样,所有人都讨厌呕吐!可是,讨厌呕吐是一回事,惧怕恐惧,以至于恐惧不断侵蚀并占据了你的生活,这完全是另一回事。

3. "有恶心的感觉很正常/身体做出的反应而已/反正也不

会死呀。"

还有其他的一堆毫无意义的陈词滥调。你理智地想一想，这些话都有道理，可是不管用，因为恐惧症就是不讲道理的！

我知道最后一种反应不该让我这么难受，毕竟别人也只是想安慰我。令我难受的是，我知道他们说的都是对的，我当然也懂这些道理，但没有什么魔法让我信服。我只是对自己很失望，不是针对那些好心人。为什么我不能像他们那样，理性和逻辑地看待这个世界呢？

原因，我再说一遍，就是因为心理疾病真的是一个神出鬼没、令人难以捉摸的小混账。它精于谎言和骗术，借此获取想要的——就我而言，那就是始终处在高度戒备状态。我的心底总是有一丝恐惧在蠢蠢欲动，如一根根细针刺痛我的皮肤。不管我吃了什么，碰了任何东西，甚至说过的话都会让我高度警觉。谢谢你，我的脑袋，你可真棒，棒极了！

我总是对自己说的话保持高度警觉，这是因为恐呕症还有个有趣而又迷信的事实。一些恐呕症患者甚至不会说任何与恶心沾边的词，就怕说这些词会引起恶心的感觉。有一段时间，我甚至不能念出或写下"诺如病毒"这个词，就怕它会突然活过来然后把我感染。这是不是听起来很可笑？

有时候我想提振信心,就会告诉自己,"我不会感觉恶心的"。对我来说,这样做真的只是违背天命,这意味着我必须说五次上天保佑,必须是五次——我也不知道为什么是这个数。

尽管如此,我不是一个天生就特别迷信的人。我知道害怕特定的词句是有多么的离谱。

所以,在整件事里最让我失望的莫过于我自己了。为什么我就不能断了那些可笑并且不理智的念头呢?

我清楚地记得,第一次体会到恐呕症发作且完全被恐惧笼罩的感觉,是在我16或17岁时。当时我正坐在爸妈的沙发上,因为觉得很恶心,我一直在大口喘气。一个念头在我脑子里不断重复:你不会呕吐的,这不可能。

我已经记不得当时的其他感受了,只记得当时极度的恐慌完全吞噬了我。我知道那种恶心感要来了,可不知道什么时候来。我无法阻止它,只能任由身体做出反应。我无法控制这个局面,这让我惊慌不已。

妈妈走进房间,看到我整个人都吓得六神无主,连忙问我要不要去医院。我想她从来没有看到过我的这种状态。那天晚上,我最终还是呕吐了。在呕吐的时候,我紧闭双眼,这样就看不到任何东西。我试着尽量不用鼻子呼吸，眼泪止不住地往外涌。因为肾上腺素退去，我一直在笑，全身不停发颤。

在冲掉呕吐物，全身清洗干净后，整个过程终于结束了，我感到前所未有的放松。我的身体做出了该有的反应，我也不再感到恶心，不过这完全起不到安慰的效果。女性在生完孩子后会忘记分娩的痛苦，这是大自然为了防止女性过于害怕而不再分娩形成的规律。恐呕症恰恰相反，它会让你忘记恶心感消失后的那种舒适感，反而专注于发作时每一个难受的瞬间。因为胆汁倒流，我感觉喉咙在灼烧，双脚在发飘，有点儿站不稳。我想，我还没有从之前的强烈恐慌中缓过神来。

等我缓过神后，就向妈妈袒露了自己的恐惧症。这可能是我第一次把话说出来。

"我从没见过你紧张成这样。"她的语气夹杂着担忧和困惑。

"嗯，"我紧张地说道，"我恶心的时候就特别担心，很怕会吐。"我试图寻找合适的词来表达自己的感受，但那时候这种感受也只是藏在潜意识里的一种本能。

"要是我能懂就好了，我真的不知道。"

是啊，妈妈，我也这么觉得。我想直到那天晚上我也没有完全了解。

现在回想起来我感觉奇怪：那天我跟妈妈的描述，就好像是我在呕吐前的心理活动。确实我一想到呕吐就会感觉害怕，可是相比那天晚上的恐惧感，完全是小巫见大巫。

第四章

坠入爱河

呕吐前恐慌发作的那个夜晚过去很久后，恐呕症仍如一只猛兽般潜伏在我脑海的某个角落里，虎视眈眈地看着我。

　　18岁时，我去了温彻斯特大学。进入大学是人生重要的一步，能有两个亲如姐妹的好朋友跟我一起上大学，我感到极其幸运。作为一个从未真正扎根的人，我很早就明白，能拥有一个"老"朋友，并且一起成长，这是弥足珍贵的。我的一个好朋友是萨拉——因缘分而结识的一个好朋友（其实是因为字母，我们名字的首字母都是"w"，所以科学课上就坐在一起，接下来的事大家就都知道了）。还有一个是茱莉，在认识萨拉后不久，我认识了她。从那之后，我们的人生轨迹就一直紧密地相连。上大学的第二天，我遇到了一个叫戴夫的男孩，我们被分配到了同一幢学生公寓，我俩的第一次见面绝对算不上是最浪漫的邂逅。

　　报到入学的前一天晚上，他喝了点儿酒，觉着沿着大厅上的波纹金属屋顶爬回寝室是个不错的主意。当然，酒壮人胆，干吗不爬呢？

　　于是，另外一个也喝醉的伙伴托了他一把，他一顿连抓带爬地就上了屋顶。本来一切顺利，但他突然发现没有什么可抓住的东西。也难怪，这是金属屋顶，设计的时候就没考虑到会有喝醉酒的年轻人在上面攀爬。于是在开始往下滑的时候，他意识到了两件事：

　　1. 屋顶下望着的人完全帮不上忙。

　　2. 要是不想断胳膊断腿，他必须减慢下滑速度，这就意味着——割伤。

　　他拼命伸出手，能抓到什么是什么。不凑巧的是，他刚好抓到金属屋顶边缘，也就是最锋利的那部分。在避免了骨折的危险后，他小心翼翼地将身子放低、着陆，然后检查手上的伤。他的两根手指上都留下了深深的流着血的伤口。

　　第二天一早，我一出寝室见到的场景就是，另外一个室友丹尼正在用拖把拖寝室门前的血，而戴夫手上缠了绷带，正羞怯地朝我招手。

　　在这次尴尬的见面后，后面的几次经历更是让人哭笑不得。有一次，我请他喝茶，戴夫非常礼貌没有拒绝。后来我才知道他讨厌喝茶！于是我们开始聊天，聊到刚入大学的紧张不安，彼此深有同感，我们也分享了很多家里的故事。在这次厨房聊天后，我跑到楼上，跟朋友纳达在飞信（MSN Messenger）⊖（天，谁还记得这个聊天软件？）上聊天，跟她讲我认识了一个帅

　　⊖ MSN Messenger是微软公司推出的一款即时通信软件。

哥。我知道，这个情节俗套得不能再俗了。

我们的感情刚开始很甜蜜，但经常也会一波三折。虽然我们彼此相爱，但是在一起的第一年就充满了不确定性，两人时不时会有争吵。我很快就对他产生了依恋，而戴夫用了很长时间才进入"认真承诺"的阶段。现在回头看，我完全能理解他的迟疑，但当时的我怀有一颗少女心，这种摇摆不定让我有点儿难以接受。每一次他要求个人空间，我都会以为是分手的前兆。我们分开的那段时间，我会一直哭，感觉很恶心，非常希望能从朋友那里得到安慰。但自从我们在一起后，他总是能给我安全感。跟他在一起没几个月，我向他袒露了自己童年的痛苦经历，因为我的直觉告诉我，他是可以信任的。关于我的心理疾病，我们并没有过多地谈论。那时候我不是很了解这种病，也不愿意相信自己得了病。

我们一起哭过笑过，编过蹩脚的舞蹈，有过赌气的争吵，自学做寿司，还一起吃了很多烤卡芒贝尔奶酪。

恐呕症的一个特别奇怪的地方就是患者很少会真正呕吐。没有人知道是因为害怕呕吐，所以很少会吐；还是因为很少会呕吐，所以才害怕呕吐。大学的时候我呕吐过几次——这比我平时的频率高。其中有两次是因为喝酒，似乎是因为喝醉的缘故，那种恐慌的感觉也减弱了。

但是有一次呕吐是在清醒的时候，于是那种恐慌卷土重来。我一直问戴夫，为什么会这样。他说他不知道，但说了些可能会造成呕吐的原因，比如脱水和中暑。这个回答我不是很满意。我不喜欢它的突如其来，我没吃过奇怪的东西，身边也没有肠胃病毒感染的人。当我拼命地想找到合理的解释时，我开始意识到，这种恐慌是因为缺乏控制，这正是我讨厌的。我讨厌突然之间失去了对身体的控制，讨厌这种感觉一旦开始就无法停止。这样就能解释得通了，但不能平复我的心灵。惧怕失去控制，就如同惧怕恐惧本身，这是一种恶性循环，如同一头狰狞的野兽以你的恐惧为生。

好了，我知道你读这本书不是来听我讲述自己所有的呕吐经历。我向你保证，这只是为了重点内容做的铺垫！

在这段时间里，我的恐呕症总体上还是可以控制的。尽管我脑海深处总是有轻微的恐惧，令我不能释然，但它并不能控制我。我明白自己的酒量有多少，所以会很小心，不让自己喝多。和其他的恐呕症患者不一样，我能非常自在地出入酒吧，轻松把自己灌醉，毫无障碍地和喝醉酒的人交际（在大学这样的事可不少，幸运的是，很少会有人酒后呕吐）。对我来说，跟醉酒的人

在一起并不可怕，即便他们喝完酒吐了一地，我也不会被他们感染，我只是觉得别人呕吐的场景不是很入目。

我并没有特别注意饮食，换句话说，我在饮食方面的预防措施和一个普通人没有多大差别。我甚至处理和烹饪过生鸡肉，这是我后来想都不敢想的事。不知道从什么时候开始，我开始养成越来越多的"安全行为"，这是后来我的心理咨询师的叫法。我逐渐明白，这些都是我为了保证自己的"安全"而养成的习惯，它符合我的强迫症和恐呕症标准。这些行为包括过度洗手、不吃特定食物，以及不愿使用公厕。

随着时间的推移，这些行为变得越来越极端，直到几年后变得一发不可收拾。

从小到大，我和妈妈就经常吵架。在她身边，我总是感到软弱无能，蠢头蠢脑。她对我不仅严厉，态度也很粗鲁，想要吵架吵赢她几乎不可能，她只会比我喊得更大声，或者干脆无视我。我讨厌跟她吵架，她的那种言谈举止，总是不愿意从我的角度看问题，这让我十分恼火。有一次吵架，我实在是气不过，就朝她扔了一大瓶碳酸饮料。瓶子在空中摇晃着，如同一个铅气球，落在了离我不到半米远的地方，所以可能没有听上去那么惊心动魄。不过，我并不以此为荣，也说不上这么做的理由，但是从来没有人能像她那样把我气成那副模样。

在她眼里，没有什么事是足够好的。要是她觉得我冤枉了她，她就会不管三七二十一，给我一段"难忘的记忆"。有一次我给她买了母亲节贺卡和一盒她喜欢吃的巧克力，不知道是什么原因（我猜是因为贺卡不是手工制作的），礼物就在她旁边的桌子上，她却假装没看见。直到我把礼物指给她看，她才迅速地瞥了一眼，一脸的不屑一顾，很不真诚地回了句"太好了"。

我总是感觉和爸爸更亲近，但长大了之后，他也总站在妈妈那边，这让我感到沮丧。

在我离家上大学后，我开始注意到妈妈的行为变得古怪。在我小的时候，她的身体就一直有慢性背痛，到了这个时候，她的背痛已经严重到无法出家门。她似乎从来没什么朋友，而且爸爸又在家办公，于是渐渐地，他们就开始将自己与外界隔绝了。

因为经常跟他们通电话，我注意到妈妈开始相信一些奇怪的事情。她跟我说，政府用飞机喷洒化学物质，是想毒害我们。还有那些所谓的"精英"其实是爬行类异族人。她相信栽赃行动和政府阴谋论，觉得天底下所有人都要害她。

起初我没有特别在意，只是觉得她有点儿古怪——也许是荷尔蒙作怪，或者是空巢综合征的某个奇怪表现。但没过多久，她的

这种观念以及对我的态度开始严重影响我们的关系。

到大学毕业时，我跟戴夫的感情已经非常稳定。我们都见了双方家长，我带他参观了我的家乡小镇，在我爸妈的卧室里一起下棋，一起愉快地散步，顶着大风去康贝金沙野餐。

大学成绩出来的那天，我和戴夫在家里庆祝。我激动地告诉妈妈我们要毕业了，她抬头望着天上一架飞机飞过，故意大声地叹了口气，"又来喷洒化学品了"。我问她能不能开心地过一天，忘掉那些事。她立刻朝我大喊，说我很自私，比起我那个要穿着"撒旦长袍"上台的愚蠢的毕业典礼（别问我为什么，我也不知道她为什么这么说），她还有更重要的事情考虑。

我伤心欲绝，怀着沮丧而羞愧的心情回到自己房间。我听到爸爸在跟妈妈说，"就让她享受属于她的这一天吧。"我想，这是我唯一一次听到他在妈妈面前替我说话了。

要决定大学毕业后的去向时，我选择搬去多塞特郡，和戴夫一家住在一起。我没有想过自己会再回家乡，虽然离开两个最好的朋友很难过，可是对于即将开始的人生新旅程，我感到兴奋不已。

我和戴夫很快就搬进了一套公寓，跟他的好朋友皮特合住。我又回到大学去参加培训，成为一名律师——典型的"快帮帮忙，我找不到工作"的临时抱佛脚行动。说实话，我选择法律完全是基于错误的印象。我觉得律师是非常理想的工作，能让别人刮目相看，地位高且有面子，于是我被这份工作的魅力深深吸引了。让我难过的是（考虑到我追求法律事业的原因，也许并非出乎意料），我的律师生涯才刚开始，就很快结束了。我勉强通过了考试，并没有成为律师。妈妈强烈反对我学习法律，理由是我会变成"腐败"的法律体系的一分子。就在我学法的那段时间，我们的关系遭遇了第一次滑铁卢，事实上，之后关系也一直在恶化。

在职业规划上，我依然没有搞清楚自己想做什么，不过当戴夫站在伦敦眼最高点向我求婚的那一刻——我非常清楚，自己愿意嫁给他！

订婚后我们去看望了我父母，想告诉他们这个好消息。他们似乎完全不感兴趣，没有问任何问题——他们的脸上没有丝毫的兴奋感。我几乎是把戒指塞到了妈妈面前，她才勉为其难地看了一眼。我又一次感觉自己傻极了，妈妈觉得不重要的事，我却显得如此开心。不过我还是忍了下来，计划着带戴夫回家去和他们一起过圣诞。我们讨论了这件事，一切都安排妥当了，我兴奋不已。

然后九月到了，我忘记给妈妈寄生日贺卡。她生日那天，我打电话过去向她道歉，祝她生日快乐，并寄了一张电子贺卡，我还寄了一张纸质贺卡，以为这样一切就没事了。

临近圣诞节时，我发了电子邮件，向他们确认我们回家的安排。

结果我收到回信，信里直截了当地说，他们不想在圣诞节跟我们有任何安排，并提议我可以在复活节再去拜访他们。爸爸还告诉我，妈妈很难过，她一整年都没有收到我的任何消息。最令她伤心的是，她生日那天也没收到生日贺卡。他说，我得搭建沟通的桥梁来修复跟妈妈的关系了。

我震惊了。我从大学图书馆给戴夫打了电话，接通后便忍不住哭了出来。感觉到平静下来后，我终于开口说了话。可能我有点咄咄逼人了，可我也受了伤，而且我是真的，真的很生气。

我想对妈妈说，我很抱歉最近没有出现在你身边，大学生活以及社交活动让我有点儿疲惫不堪，况且我也不是很擅长保持联系。

但我也想给自己辩护：这一切对我来说一点儿也不容易。虽然情况好了很多，但不久之前，我也不太喜欢跟你们聊天。你们只会谈论世界末日、爬行类异族人、化学痕迹等，我怎么可能会喜欢，这样只会逼着我乞求你们停止聊天。

在我拿到大学成绩的那天，你说得很清楚，你一点儿都不在意。你甚至说我想庆祝是自私的行为，你知道那让我感觉有多难受吗？

　　你从没说过你为我感到骄傲。妈妈，你从来没有关注过我的学业（相反，爸爸，我真的很感激你寄给我的所有文章和书籍）。我在做什么事，这件事有多困难，你都不知道。现在的我终于有了方向，你还是没有感到骄傲，甚至一点儿也不在乎。我感觉很难受，可你也不知道，我真的不知道要怎样才会让你骄傲。戴夫的妈妈可是见人就夸她的儿子是有大学学位的。

　　我很抱歉没有给你寄生日贺卡，可是妈妈，你都没有给我写过贺卡，你连短信都让爸爸写。你的邮件都是千篇一律的"记得给我发邮件，想你"，你为什么不给我写邮件？或者给我打电话？

　　我不是有意让你失去家的感觉，但每次我回来，你经常会让我不好过。我以前喜欢带朋友来家里吃饭，但现在你却下了命令，不允许请朋友来家里。这是和朋友见面最简单的方式，但在你这儿不管用。你不知道离开朋友我有多难受，我的压力有多大，你也不知道就因为这件事，我要去取悦多少人。

　　如果我们回来只是为了看你，我就会很开心，感觉一切又好了起来。我知道也许我没有表现得那么明显，可是我真的很想家。也许我当时应该跟你说，但我想的是，等我哭着要离开家的时候，你就能明白了。然后听到你说不希望我在复活节前回家，这真的是从你嘴里能说出的最伤人的话了。

　　关于圣诞节，其实我并不在乎能做什么特别的事。我们没必要过得很奢侈，对我来说，能带戴夫回家和你们共度我们的第一个圣诞节，这才是最重要的。我真的花了很长时间准备回来过圣诞节，这对我来说意义重大。意义重大的事，不是去看我的朋友，也不是其他任何事情，就是能和戴夫第一次过圣诞节，和你们——我的家人一起过圣诞节。

　　我知道你根本不会听进去，也不会接受我的观点。我真的想道歉，但我也有表达自己想法的权利。爸爸觉得我要重新搭建沟通的桥梁，我会的，可你是不是也应该反思一下你带给我的感受？

　　我觉得一个通情达理的人看着那封电子邮件，心里也许会反思自己是否也有一点儿错，但凡有点儿同情心的人都能看到我在挣扎。

　　可是爸爸的回信里只是写到，整个社会必须意识到它面临的潜在危险，比方说，接种疫苗和化学凝胶。他建议我去查查相关资料，然后给出自己的结论。他坚持认为，考虑到别人的生活都过得很拮据，妈妈理应对我在庆祝毕业时的巨大花销感到震惊。然后他说，妈妈其实为我感到非常骄傲，只是我已经是成年人了，没有必要获得家长的认可。按照他的说法，我应该感激妈妈如此地关心我。我没回复他们的邮件后，还指望妈妈会给我一直不停地打电话，这真是一个非常幼稚的想法。

我已经预料到会是这个反应，不是吗？他们还是跟之前一样，完完全全地故意误解或无视我说的话，反而想用歪门邪道的阴谋论、荒谬的指控和伪科学来瓦解我的防线。

以下是我的回信：

首先，我讲的不是庆祝毕业，我是在说当我拿到成绩的时候，妈妈就开始讲化学凝胶，于是我就问她，能不能就这一次只聊我和我的成绩，她接着说我很自私。

我知道自己不是孩子了，但也不意味着不需要听大人讲述对我有多自豪。把毕业礼服说成是"撒旦的长袍"，还说英国的法律体系是个闹剧，这听着可不像是因为自豪说出的话。

我的意思是，妈妈一般都会给我打电话或者发电子邮件。我说了很多次，要是你打我的手机然后再挂断，我会回你电话的，这样就不会扣巨额的电话费。

你根本没提圣诞节，我是不是可以理解为无论我说了什么，你在这件事上的立场是坚定的？我花费了这么多口舌，也非常希望这个圣诞节能成为我们所有人特别的日子，但你就这么弃约了，真让我非常难过。你不知道圣诞节对我来说多么重要，这样就能和你一起过节，也能把戴夫带回家。一整年的计划就因为你

的一句话没了。我真的厌恶在我跟你抒发感情的时候，你却说我还没长大。

我不会求你，但我想把事情做好，过上一个特别（轻松而且低消费）的圣诞节。如果你真的不想见我，那是你的选择，但我会选择成熟一点儿，不再计较这件事，然后跟我的男朋友和他的家人一起过圣诞节。

要是你真的连抽出几天时间见我都懒得费劲，那我真的不知道该说什么了。

也许现在，他们意识到我有多么受伤了。

当然得有点良心吧！他们只告诉我，他俩都没有做好接待客人的准备。他们会静悄悄地做自己的事，然后给每个人时间去反思。

我又试着写了几次信，基本上都是恳求他们改变主意。我道了歉，说自己不应该让妈妈难过，还说我也伤得很深。我说了很多次，我想一笔勾销往前看。我说我爱他们，真的很想和他们过圣诞节，然后再次道了歉。之后还有几次邮件往来，但我知道无力回天，只是在绝望中抱着最后一丝希望。直到收到爸爸最后的一份电邮——他们想要过自己的生活，让我把圣诞节忘了吧。终于，一切都结束了。

那一年我们没有一起过圣诞节。我不得不告诉戴夫的家人，计划有变，我的父母决定不跟我一起过圣诞节，这让我尴尬得恨不得找个洞钻进去。

之后，我再也没和他们过圣诞节。

也许那时候我就该意识到，我们的关系彻底结束了。继续下去受伤害的只会是我自己。可我一直在争取，以为自己能扭转一切。

可悲的是，我和妈妈还有不少相似点。她和我一样，都惧怕周围的世界——只不过她害怕的是阴暗的政府组织和险恶的阴谋论，而不是怕得胃病和见到脏东西。在那次糟糕的圣诞节后，我们和解了，但是我找不到以往的感觉了，再也不能像以前那样和爸妈度过愉快的时光了。

在进军法律界失败后，我很快在保险公司拿到了一份优越的职位。在做这份工作期间，我决定要成为活动策划人。那时候我正在筹办自己的婚礼，想到我也能帮别人筹划婚礼，这种感觉十分吸引人。皮特当时在万豪酒店工作，他会和我分享一些他担任酒店活动策划的经验。

在他的帮助下，我进入了酒店的会议宴会部。这是一个基本上负责整天所有活动的运营团队。每天工作时间很长，要搬桌子上菜。可我不在意，因为这能帮我得到梦寐以求的活动策展工作。

现在回想起来，那时候的我对食物毫无戒心，这让我感觉很

奇怪。轮班的时候，我们的伙食一般都是客人吃剩下的饭菜——比如自助餐台上剩下的肉，放在保温灯下的鸡肉以及留在冰箱里的奶酪和其他乳制品。而我居然还吃了这些东西，现在想想真是不可思议。可能是因为知道其他人都在吃同样的食物，而且这是出自厨艺精湛的厨师之手，所以更容易接受吧。

更让人百思不得其解的事是，其中一个厨师用重新加热过的米饭专门给我做了顿意大利烩饭，却让我迅速陷入了惊恐发作。我当时担心米饭已经放了很久，会让我恶心。我花了很长时间，试图回想起那天米饭在嘴里的感觉——是热的吗？味道是不是比平时更酸了？

是不是觉得很有趣？但不是那种让人"哈哈大笑"的有趣，因为偷偷溜到厕所里，惊慌失措地去谷歌搜索（我能自创一个词"囧歌"吗？）食物中毒统计数据，阅读其他人吃米饭的恐怖故事，这一点儿也不好玩。这是"离奇而怪异"的有趣。

我的辛勤付出，每天用谷歌搜索米饭带来的痛苦，以及牺牲的社交时间，终于给我带来了回报，很快我就搬到办公室。也就是在这时候，我的恐呕症开始变得严重起来。2012年我经历了最糟糕的冬天，那一年，"诺如病毒"占领了头版头条，各大报纸充斥着危言耸听的故事，写着成千上万人的圣诞节将被这种病毒毁掉，每隔一天就会发出警告，告诉人们避免去哪些地方，同时不断提醒人们注意手部卫生。

在上一份工作中养成的休闲放松、放任自流的态度（当然，不包括偶尔的反常）正在慢慢消失。我已经到了这样一个地步，每触碰一样要吃的东西，我都高度敏感，接连不断的肠胃病毒警告弄得我更加头晕目眩。

我是怎么从无忧无虑，能吃不放冰箱里的剩饭，转眼间变成了所有东西都要用微波炉加热，高贵地连又老又干瘪的乳蛋饼都不能吃的人？（我知道，我算老几？女王吗？）

我想不出个所以然，可能是因为我的恐呕症变得更加严重了，导致我的大脑想欺骗我，让我相信越来越多的东西是不安全的。我有点儿害怕，自信心真的遭受了打击。我在员工厨房自己动手做午饭——蔬菜加土豆，然后撒上调味汁，但我却懒得去加热。当吃完最后一口，我整个人都慌了，调味汁是肉汁做的，天晓得它在保温灯下放了多久。而就在刚刚，我把勺子伸进了满是细菌的棕褐色油汤汁，一口气喝得一滴不剩。槽糕。

接下来的15分钟，我在浴室里近乎歇斯底里，不断用"囧歌"搜索食品安全建议，还给一个厨师朋友发了短信，问他怎么办。大家普遍都认为我会没事的，可我充耳不闻，只听信了两三个关于胃肠道病变的恐怖故事。和往常一样，我完全没事，但还是在高度紧张中度过了12个小时，每次胃发出咕噜声就会多想，结果适得其反，反而因为焦虑弄得自己反胃。

在那几个月里，我躺在床上，夜不能寐，一次又一次地想象着那种恶心的感觉，直到自己陷入恐慌发作，吓得直哭才停。身上的每一种感觉或者刺痛，我都会分析，寻找任何胃部不适的迹象。

随着诺如病毒爆发的报道不断出现，我的工作变成了一场噩梦。酒店就像游轮一样，在这里，细菌可以像野火一样迅速传播。管理层非常清楚传播风险，在各处都张贴了告示，提醒员工保持良好的卫生习惯。每张桌子上都放着一瓶按压式消毒液。在办公室里，每天都有人谈论谁谁的朋友和家人被诺如病毒击垮了。

如果说之前的我处于高度戒备状态，那么现在我的偏执已经达到非常危险的程度了。侵入我脑海中的想法，像空袭警报一样发出尖锐的声音，那挥之不去的轻微担心变成了十分强烈的恐惧感，让人心力交瘁，不断地折磨着我。

我的生活犹如地狱一般。还记得那个清洁广告吗？广告里的那个人手上的细菌如同霓虹灯般显现不同的颜色，你会看到那个人的手把细菌传播到所有东西上——门把手，物体表面，衣服等。这就是我眼里的世界，就如同赌城大道一样灯火通明，彩色的细菌覆盖了所有表面。

可以说早上出门那一刻起我就被污染了。在上班的地方，要是我想触摸脸上任何地方就必须先洗手。更糟糕的是，那年冬天我有一次感冒了，每隔五分钟就擤一次鼻涕，一遍又一遍，简直烦死人了！

洗手就要去厕所，也就是说我要用衣袖开三道门。有一次在厕所，我不得不用手肘开水龙头（等到撞上水龙头的瘀伤消退之后，我已经锻炼出了用手肘做各种事情），挤出够五个人用的肥皂液到手上，然后用滚烫的热水冲洗。

确保所有的肥皂都清洗干净（要是我不小心碰到了水槽，所有过程再重复一遍），然后关掉水龙头（还是用我的手肘），用纸巾擦干手，整个过程可能花了将近10分钟。有时候我会陷入犯了一个小错误然后必须从头再来的循环之中。那种令人恶心的熟悉的挫败感又回来了，因为精力全部集中在触碰的东西上，我开始紧张性头痛。

要好好吃饭几乎是不可能，哪怕我采取了所有的预防措施，还是感觉接触食物时不够干净，不够安全。巧克力棒几乎是我唯一能吃的食物，前提是要裹着包装纸吃，不碰巧克力的任何部分。

在繁忙的圣诞节期间，我每天轮班10个小时，有时候每天只靠一根巧克力果腹。等回到家时，我已经饥肠辘辘，而且严重脱水，浑身都在发抖，脸上都是泪水。看着我周围的客人放声大笑着，享受着他们的圣诞聚餐，我苦不堪言。他们看上去是如此的无忧无虑，尽情地吃喝玩乐。我记得我的圣诞节曾经也是这样，怎么就到了现在的地步：几乎要把自己饿死，总是不停地洗手，一直洗到手都裂开流血。

哪怕在家里，我的大脑也不给我一丝喘息的机会。一到家，我就得洗澡更衣（我戏称为我的"去污过程"），可这是我肚子空空的时候最不想做的事情。

但只有洗过澡，我才允许自己吃饭。所以，在这之后总该一帆风顺了吧？

想得美，当然不可能。

做饭的时候，每个步骤之间我都要洗手，哪怕是吃一包薯片，我也需要分四个阶段完成：

1. 洗手。

2. 打开一包薯片。

3. 把薯片倒入碗里。

4. 再次洗手。

在我的大脑回路里，这样做是合理的预防措施。你想一下，有多少携带诺如病毒的人可能碰过这包薯片，分布在表面的细菌被点亮得就像布莱克浦塔。为什么只有我能看见？

对我来说，所有东西都能威胁我的生命，没有一处表面是干净的。我害怕去拥挤的超市，那里挤满了潜在的细菌携带者。那我怎么付钱呢？自助结账？但我还是要触摸屏幕。去普通收银台呢？但如果收银员最近病了，碰了我的东西怎么办？如果我要刷卡，就得碰密码键盘，但要是付现金，我就要用手碰被不知道多少人触摸过的肮脏硬币。

戴夫知道我正在经历的一切，但他没有意识到我的所有预防措施背后有许多的考量和各种细节。我的其他家人朋友也是如此，在他们看来，我还是像往常一样，表现得很"古怪"，可他们根本不知道我真正的经历生不如死。我发现这是一件很难谈论的事情，因为我很难讲道理。我知道，没有人会真正理解为什么我一开始就会如此挣扎——连我自己都无法解释。

我总是很累，不管做什么事，我都需要计划和准备。我羡慕周围的人，他们每天都在忙碌，不用去考虑所做的每件小事。就像一只老鼠可能会不断扫视天空中的猛禽，我也一直在观察我周围的世界，等待着哪个未知的捕食者突然扑下来，将它的爪子伸向我。

在冬天，我总是要确保随身携带皮手套，我需要迅速地做出决定，什么时候戴，哪只手戴。如果我知道要和别人握手，我会特意不把手套摘下来。在商店里，我会左手戴手套拿篮子。我不能戴着手套接触食物，因为这样会弄脏了食物。我现在才意识到这样做完全没有意义，既然在我眼里所有的东西都被污染了，那戴不戴手套又有什么关系呢？

这也让我发现心理疾病一个令人沮丧到抓狂的特点：没有固定的规则可遵循。就好比射门时的球门柱在不断移动，你总是在拼命地追赶着大脑，希望能明白大脑做出的决定。就在你以为一切都清楚明了的时候，你发现就算是自己定的规则也是要被打破的。

是不是很可笑？觉得不可理喻？沮丧得要死？

没错，就是这样。原因，我再说一遍，就是因为心理疾病真的是个无形的魔鬼。我的其中一个"安全行为"就是在心里创建一个排名系统，给安全的食物、地点和人排名。不过就在排名的时候，矛盾又出现了。

鸡肉：危险级，多数情况不吃。除非某些信誉特别好的餐馆才能接受，快餐任何时候都不能接受。

打包的三明治/沙拉：警告级，除了在一些特定的商店购买，否则不吃。似乎我的恐呕症口味非常地贴近中产阶级。不知道为什么那些"高级"的超市，像赛恩斯伯里超市、韦特罗斯或玛莎百货，我都能接受。老实说我也不知道为什么，唯一的猜测就是，这些超市品牌的"声望"或者稍高的价格，都意味着可信度高。

生的食物，如水果：接受级，前提是我自己来弄。如果是别人处理过的，那就不吃。

米饭：除非是刚煮好的，重新热过的不吃。

所以如你所见，每条规则（这样的规则数不胜数）都有它的适用条件和例外。说一遍每条规则的背后原因太麻烦，直接告诉别人自己哪些吃的一点儿都不碰就会容易很多。直到今天，所有人都认为我不喜欢米饭，但其实我喜欢——前提是不能重新加热过。

当然，有时候朋友会看到我在一个地方吃鸡肉，然后质问我为什么不吃他做的。这并不能反映出我对一个人的信任度，其实在我的"批准"名单里，有一个人还因为没煮熟鸡肉而食物中毒过！所以，这说明我脑子里这些愚蠢的规则没有任何根据。

也许有一些内在的、潜意识的因素能起点儿作用，但没有什么具体方法能消除我的无助感。我就在大脑创造出的荒诞而又阴晴不定的规则海洋之中，拼命地踩着水，试图浮在水面上。

作为一名恐呕症患者，在冬天还有其他难处。除了每天上班、吃饭、保持极度清洁的困难外，还有对许多社交活动的持续恐惧。

在和不熟的人交往的时候，以及在遇到吃小食的场合（倒吸口气，我的梦魇啊），我都要保持警惕，但要坚持下来非常困难。听说他们有孩子，要是他们的孩子病了怎么办？某某某提到了他前几天没来上班，他感染上病毒了吗？

我一直在注意听别人是否有生病的迹象，如果他们说生过病，我得抑制住审问他们的冲动（老实说，谁都不喜欢被问到是上吐还是下泻）。在派对的时候，我会观察谁的手碰了什么东西，最后弄得扫兴而归。

在节日期间，我别无选择，只能加倍地信任别人的食物够安全，家里够干净。但很长一段时间里，这种信任对我来说来之不易。

我不知道自己是怎么做到既没有晕倒，也没有生病，就熬过了那个圣诞节。现在看来，虽然我大部分时间感觉不舒服——头痛、焦虑、发颤等，但我本来可能会变得更糟糕。

第五章

2014年

那个冬天仿佛是一场漫长的噩梦，梦醒后一切都恢复了正常。一直以来都是如此，我的恐惧会变得十分强烈，在到达了顶峰后，它又会进入低谷期，开始自我欺骗。夏天那几个月里，我的焦虑情绪总体上都减轻了，于是自我欺骗变得非常容易。在吃这方面我还是很小心，只不过再也不像可怕的诺如病毒一样让我一直头疼烦恼了。

时间一晃到了2014年，我依然是一名活动策划人，但换了家公司工作。更令人兴奋的是，在漫长的订婚期后，我终于要跟戴夫结婚了。

但强迫症要砸场子可是不管特殊场合的，而且它还砸得挺享受。

婚礼前两天，我和戴夫以及他的一帮好朋友去了海滩。我们喝着鸡尾酒，在沙滩上一座巨大的弹力城堡上玩得不亦乐乎。现在来看，这真是个馊主意。因为就在我结婚前一天，我差点把自己的眼睛弄青了。在我们准备离开前，我去公共厕所洗手，水槽里的一点儿水溅到了我嘴里，于是我坚信自己会在大喜之日前得胃病。我哭着去寻求安慰，找了我一个有医学背景的好朋友。她人很好，非常耐心，她能看出我给自己制造了非常恐慌的情绪。我真的很怕婚礼会完蛋！我的脑海中浮现出《伴娘》中玛娅·鲁道夫饰演的角色穿着婚纱蹲在路中央的情景。

当然，第二天我没事。我的朋友很贴心，她说她对我处理事情的方式感到非常自豪，她的夸赞让我感到骄傲幸福，虽然我觉得自己处理得很糟糕。

现在回头看，自己当时的样子有多可笑。每次我开始担心一件事，我就会试着提醒自己这一点。我告诉自己，以前我也有过这样的恐慌时刻，但从来没发生过什么糟糕的事情，所以这次也不会例外。再过一礼拜，我就可以回想这一刻，嘲笑自己当时是多么大惊小怪。这样的思维视角是我非常需要的，真的能帮我克服一阵阵的焦虑。

结婚当天，一切都美好。

我们在当地的一家旅馆举行了婚礼仪式，这家旅馆非常有特色，桃红色的墙壁，到处挂着金色的菠萝，大堂里还陈列了一副盔甲。旅馆离海滩非常近，因此我们可以拍出一些超级棒的大片，而且这个地方十分有趣，我们觉得非常适合新人。

这个时候，我和爸妈的关系变得前所未有的好。妈妈没有来参加婚礼（她的健康状况已经不允许旅行），但是爸爸陪我走了红毯。妈妈没有来这件事，我丝毫不感到惊讶，而且换个角度看，她不在反而让我松了口气。倘若她来了，我会担心她想方设法惹得我不开心，或者逮着个人就喋喋不休地讲政府阴谋论。

我的婚礼入场曲是普莉西雅·安的《梦》。这一刻是那么的美好，我恍若置身梦中，感受着人生中最幸福也是最紧张的时刻。我精确地计算好了时间，在歌曲到高潮的时候，我会步入殿堂。不走运的是，我没有考虑到走完红毯的时间很短，结果导致我的两个伴娘走完红毯过了很久，我还迟迟没有入场。工作人员急着想引导我进场（他们显然以为我要逃婚了），宾客中有些人略显紧张地笑了起来，这个场面真是既有爱又十分尴尬。

戴夫的妈妈声情并茂地朗诵了《柯莱利上尉的曼陀林》（*Captain Corelli's Mandolin*）⊖。在回座位之前，她告诉我们，她很爱我们，希望我们白头偕老。婚礼那一天，像这样计划之外的真挚感人片段还有很多。

之后，宾客们都戴上了特制的婚礼基巴⊖，戴夫的爸爸第一个致犹太祝词。之后亲朋好友们轮流朗诵，毫无保留地为我们带来婚礼祝福，宾客们传递着一杯圣餐葡萄酒（虽然穿着白色婚纱，我一点儿也不紧张）。婚礼后，每个人都说这个环节很精彩。

戴夫的表弟开着一辆漂亮的白色大众露营车，载着我们去了

⊖ *Captain Corelli's Mandolin*是由约翰·麦登执导，尼古拉斯·凯奇主演的爱情片。
⊖ 犹太人男性所佩戴的一张薄布料或羊毛纺织制成的头饰，用发夹固定。

婚礼宴会。在那里，我们欢声笑语，吃喝玩乐。阳光下，我们喝着皮姆酒，听着一位原声吉他手的精彩演奏。这样的氛围完全符合我们的预期——轻松愉快。最精彩的时刻莫过于吉他手（应我的要求）弹奏了《帮派天堂》(*Gangsta's Paradise*)⊖。这是我和我两个好朋友（都是伴娘）一直以来最爱的歌曲。没想到的是，他的演奏真的十分好听。

婚礼上的发言都感人肺腑，但也笑点重重。同样的，晚上的宴会也是充满乐趣。我们跳的第一支舞舞曲是约翰·传奇的《我的一切》(*All of me*)⊜。在2014年，我想这是大多数人婚礼舞蹈的首选。虽然非常缺乏原创性，可我还是很喜欢。当歌声响起，歌词仿佛能直击心灵，让人深有感触。不过，要是再给我一次选择的机会，我也许会选小妖精乐团的《我的思想在哪里》(*Where is my mind?*)⊝。尽管别人都说选这首歌很奇怪，我总觉得这是我和戴夫的专属歌曲，因为这是我们一起聊到的第一首歌，而且，我是真的真的很喜欢。

我们的第二首歌是古菲·阿曼达（Groove Armada）⑭的

⊖ *Gangsta's Paradise*是美国黑人歌手Coolio的代表作品之一。
⊜ *All of me*是美国歌手约翰·传奇演唱的歌曲。
⊝ *Where is my mind?* 是小妖精乐团演唱的一首歌曲。
⑭ Groove Armada是来自英伦的优秀的二人电子乐团。

《我看见你了宝贝》（*I See You Baby*），对我来说，这是个非常保险的选择。DJ提醒过我们，第一支舞才刚跳完，没有人会很快走进舞池。但音乐一响起，派对就点燃了。我们尽情舞蹈着、欢笑着，穿上为了照相买的各种奇装异服，然后跟随着钟摆乐队的歌曲狂欢派对。

一首历史久远的犹太民歌《大家一起欢乐吧》（*Hava Nagila*）⊖响起，戴夫和我坐在椅子上，被抬起来跳传统犹太舞蹈。人生中最可怕的时刻到来了，我拼命地抓着椅子一侧（可能还抓住了某人的脖颈，不管是谁，说声对不起！）防止自己滑下来摔断腿。

当晚的最后一首歌是饲养员（Feeder）⊖的《巴克·罗杰斯》，这首歌在我心中占有非常特殊的位置，同时也为这一天画上了完美的句号。这首歌积极向上，充满活力。配合上最后大家醉得东倒西歪，不得不互相搀扶着，还不断摇摆身体快速跳着雷鬼舞的场面，简直是天衣无缝的合作。

虽然现在我和爸爸已经没有了关系，但我会永远珍惜婚礼那天和他共度的特殊时刻：当他告诉我，我穿婚纱的样子美极了的时候，他是如此的百感交集；他精彩的发言，赢得了最多的欢笑

⊖ *Hava Nagila*是一首有久远历史的犹太民歌。
⊖ Feeder是后朋克，英伦摇滚乐团。

声；他跟我们分享了心里话和有趣可爱的故事，还有我们戴上了化妆礼服盒里那顶傻乎乎的帽子，然后一起跳舞，是多么的欢乐有趣。

平日里的爸爸是一个寡言少语，很少流露感情的人，所以能看到他的另一面，看着他放松下来，享受快乐，对我来说十分特别。我经常替他感到难过，为他和妈妈选择与世隔绝的生活方式感到遗憾。他们跟自己的家人也不亲近，也没有任何朋友，我想知道爸爸这样子是否开心。即便现在，我还是忍不住会想他，虽然他是个成年人，能够自己做决定，但我总是在想这是不是他真正想要的生活。

或许这样一想，我也能更好地接受他们后来对我的所作所为。即便我内心里不愿意相信，我可爱又善良的爸爸竟会用如此伤人的方式与我作对。

结婚后不久（我们去了马焦雷湖度蜜月），我辞职了，打算在父亲退休后接替他的工作，成为一名自由职业者。我一直都想要换工作，他的提议来得正是时候。现在看来，这将是我做出的最坏也是最好的决定。

酒店的接待工作让我付出了代价，我总是压力巨大，筋疲力尽，还时不时生病。我不停地在感冒，全身起过红肿的荨麻疹，

最美极客：
一个强迫症患者的自我救赎之路

过了一个礼拜才消退。这么拼命都是为了一份吃力不讨好的工作，真让人沮丧。不过，我确实热爱组织活动，喜欢这份工作能面向客户的特点。也许这就是个明显不过的信号——在家办公的职业真的不适合我。

爸爸在出版社工作，但并非是多数人想的那种令人兴奋的职位，他从事版权交易和许可方面的工作，说实话这一点儿也不吸引我。但这至少算是个敲门砖，能帮你敲开行业内其他机会的大门。可我万万没想到这个决定成了导火索，一下子引爆了我所有的问题。

起初一切都顺利。虽然我不喜欢这份工作，但这种生活方式很适合我。我喜欢在家里舒舒服服地工作，穿着睡衣，看着网飞⊖剧，基本上实现了每个人所憧憬的在家工作的梦想，我已经开始习惯每日的安排和相对的自律。

然后，冬天又到了。跟前几年不同的是，我现在没有理由要出家门了，所以我没外出。

我完完全全地把自己锁在了家里。既然戴夫可以帮我顺路带东西，为什么还要冒险去商店呢？

⊖ 网飞：一般指Netflix，是一家会员订阅制的流媒体播放平台，总部位于美国加利福尼亚州洛斯盖图。

等等，为什么戴夫百毒不侵，不会得胃肠病呢？

这个问题问得很好。我们住在一起，去过的地方一样，吃的东西也一样。那为何他和我去一样的商店，触摸同样的东西，我还相信他不会染上什么病呢？

不好意思，我的回答还是一样，心理疾病就是个完全不合逻辑、不讲道理的混蛋，它就是喜欢耍花样欺骗你。

我对特定人群和地方的惧怕毫无理由可言，更糟糕的是，强迫症和恐呕症让我对自己产生怀疑。

始终有个恐吓的声音在我耳边低语，你会很粗心，你会坏了规矩，碰不该碰的东西。

我的分析是，既然戴夫已经出了家门，他已经暴露在危险之中了。我在家里是安全的，所以把我也暴露出来是没有意义的。或许我只是太懒了，但他娶我的时候就该知道这一点。

于是我就与世隔绝了。大多数时候戴夫是唯一一个跟我说话的人。有一次，我九天都没出门，等戴夫回到家时，我像一只兴奋的小狗一样急切地在前门等着。

我不擅长独自在家工作，我怀念组织，怀念和同事交谈的日子。更重要的是，我想念早上有理由穿衣打扮的日子。我觉得自己毫无价值，孤单，而且我真的、真的很无聊。我需要激发自己的创造力，但这份工作只是单调、重复的数据录入和管理。每隔一段时间就会有一个难题需要解决，我必须非常努力地找到版权所有者。我紧紧抓住这些时刻，当戴夫回到家时，就告诉他所有的事情，兴奋得像个疯子。

我心里知道这是自己的问题，我知道这份工作不太适合我，但我想把它做好。爸爸非常激动我能继续他的工作，他甚至在我婚礼上的演讲中提到了他是多么自豪，我觉得如果我放弃了，他会很失望。

我越来越痛苦，但还是坚持了下来。我在工作上变得越发不可靠，经常延误工作，导致越来越多人对我失望。我错误地以为，家庭责任感让我义不容辞地选这份工作，可我体会不到任何成就感。

我没有告诉爸爸我的感受，因为只用电子邮件跟他交流，很容易掩饰我深陷泥潭的处境。我为自己感到羞愧，但完全没有动力去做出任何改变。

更糟的是我觉得自己是个失败者。我很孤独，一事无成，没有变成自己期待的样子。我想到了十几岁的我，即将上大学，胸怀大志，雄心勃勃。她又怎么会想到27岁时的自己，竟然整天窝在家里，工作做得一塌糊涂，还赚不到多少钱。

我可以肯定地说，她一定不会感到羡慕。

我感觉我做的事情只是自欺欺人，竭力地表现出一切都很好的样子，却没有感觉到自己的世界正在分崩离析。

网络红人的世界很快就成了我逃避现实的地方。我会看油管（YouTube）上油管主的视频，沉浸在他们光鲜亮丽的世界里。那时候我还不知道微录（Vlog）○的存在，但我很喜欢这种视频形式，非常轻松随和，就感觉和朋友一起出去玩一样。然后我了解到，写博客（几年前我在生活杂志（LiveJournal）○上注册了账号，假装自己超级前卫，然后在聚友网（MySpace.com）○的账号上假装超级情绪化）是正经事，把写博客当作职业的确有其人。

如今，博客仍然在互联网上拥有自己的一席之地，跟以往不同的是，它的外表更加美观、高大上，看起来就像杂志封面一样。人们能在那里分享他们的生活，每天吃什么，做了哪些事，所见所闻等。他们组成了这个庞大的网络社区，他们是新的潮流引领者，也是最懂你内心的"好朋友"。

○ Vlog是视频博客、视频网络日志。
○ LiveJournal是一个综合型SNS交友网站，有论坛、博客等功能。
○ MySpace.com成立于2003年9月，是全球第二大社交网站。

我感觉备受鼓舞，我也能做到！终于，我找到了发挥创意的用武之地，可以将我的精力投入其中！

　　2015年5月，我的博客正式上线。我彻底重塑了自己，开始打造我的网络品牌。

　　我的身份不再只是梅尔，我是最美极客。

第六章

心理咨询的开始

全新的网络生活给予我莫大的帮助。在网上我总能找到聊天的人，当我无法应付自己的生活时，我就会去深入探寻别人的生活。在最美极客这个博客中，一开始我只是谈论婚礼策划、电影和电视剧，或者写写别人可能有兴趣阅读的东西。

开过博客的人都知道，你不会一夜成名，想要变得受欢迎需要时间，这种规律在社交媒体上体现得淋漓尽致。虽然后来一直从事市场营销工作，但我仍然认为成名是个很玄学的事，不管你怎么分析和利用数据来为你的战略提供信息，你仍然要靠运气。你眼中的一篇神贴可能会没有任何参与度，但你如果发了一条耸人听闻的推文，说看见一只鸽子嘴里叼着一包薯片在天上飞，可能会得到一千次转发。这是一个不断尝试与失败的过程，你要去了解你的粉丝，形成你的风格，并找到属于你的方法。你必须全力以赴，才能站得更高。

我并没有意识到的是，在真正的博客运作方面也需要花很多心思。对于分析、搜索引擎优化或者域名管理，我一问三不知。我自以为，这些都是建好博客就"水到渠成"的事。

我的内心继续在挣扎，脑子里回荡着一个声音——我将一事无成，淹没于茫茫人海中。我确实有过自己的风格，但又迷失了。我的博客帖子只有四个人阅读，原因是——我没有标新立异，别出心裁。

每天都独自一人在家最大的坏处就是我会沉浸在自己的思绪中。细想的时间多了，我就会不断反思过去可怕的经历，认真思考以后会不会再发生同样的事，然后嘲笑自己一番。

这么多年来，我一直以为自己一切正常。直到后来我才意识到，童年时的性虐待给我带来的影响比我想的要严重得多。跟父母之间关系的不稳定，也是我需要去解决的一个问题。

如果不是惊恐发作到哭泣，我就会躺在沙发上，感觉特别无聊。焦虑一直都存在，它只是退到了帷幕之后。我感觉很沉重，疲惫到无法动弹。有一种感觉大概是糟糕的、完全彻底的麻木。好像我的心跳也慢了下来，感觉不到任何东西。我什么事也做不成，做任何事都没意义，反正不管怎样，总有可怕的事情降临在我身上。

就这样，我陷入了恶性循环，先是感到恐惧，然后是焦虑，之后是冷漠无情，接着感觉十分悲伤，然后又是恐慌发作，感到恐惧，就这样周而复始。

这种似乎能压垮一切的重量最终变得难以承受，于是在一次大哭之后，我猛然决定登录英国行为和认知心理治疗协会的网站，在上面找到了一位认知行为治疗师的电话，然后留了一条语音信息。

我早就知道自己需要帮助了，我甚至都不记得在我打电话之前的那一刻发生了什么，促使我按了拨号键，毅然做出决定。

戴夫的爸爸阿尔菲已经病了几个月。我们最近才发现，他的病远比我们想的要严重得多。现实情况是，我们有可能会失去他，这将给整个家庭带来巨大的精神创伤。这让我想得很清楚，如果没有帮助，我挺不过接下来的几个月。

我不喜欢说自己有抑郁症，因为我知道这个词都用烂了，不管是什么病都能套用。是的，我在经历着一段艰难的时期，但我是不是真的就是临床意义上的抑郁症？只能说有可能。

我有自杀倾向吗？没有。有时候我过马路都不看一眼就想，哦，好吧，如果我被车撞了，那就被车撞了。大多数日子里，我希望自己不存在，哪怕只有几个小时。

我不是想结束自己的生命，只是更希望能够暂停周围的一切。我想有时间休息一下，让自己能不受干扰地重新振作起来。我希望一切完全停止，等我准备好重新加入这个世界时，我希望一切都回到我离开时的样子。

即使我不在了，也没有人会注意到。别人也不会想我为什么不回复他们的短信——这正是我想要的。可这只是我的一厢情愿，现实情况并非如此。关机只意味着之后会有更多的信息需要回复。

这种感觉真是让人感到无助，我既不想存在，又害怕消失。每天都有新的事情堆积起来，一天比一天艰难，我真的别无选择，只能继续前进。

我需要帮助。心理咨询师给我回了电话，她轻柔、舒缓的声音仿佛给我吃了颗定心丸，让我一下子感觉心安。

我在研究了一番哪种咨询类型最适合强迫症和恐呕症后，最终选择了认知行为疗法（Cognitive Behavioural Therapy）。经过对各种疗法的权衡利弊后，认知行为疗法似乎是最适合我的选择。

一想到与人交谈，我就望而生畏。我觉得自己的问题太多，不知道从何开口，我怕自己完全崩溃，根本无药可救。

与路易莎的第一次心理咨询前，我心里完全没底。她办公室里的灯光非常柔和，角落里点着一支可爱的芳香蜡烛。

我坐在椅子上，她问了我一些问题（可能是普通的寒暄开场，但我记不清了），然后我失声痛哭了。我坐在那里一直哭着向她倾诉，虽然在这之前我都没跟她讲过话。在她面前，我感到非常自在和安全，我想这是一个好兆头，说明我找到了合适的心理咨询师。

眼泪终于哭干了，我感觉有点尴尬，轻声向她道歉。她亲切地告诉我，没什么好抱歉的，很明显我有很多问题需要发泄出来。

她首先问了我几个问题，这些问题很直接也很私人化，像射连珠炮一样，这让我猝不及防（我以为进入正题之前还会有铺垫）。

"你想自杀吗?"

"没有。"

"你有没有受过性虐待?"

"有。"

我把话说得有点吓人，但在这里，哪怕事实并非如此，你也需要说出来。虽然心理咨询很艰难（我不会给它说好话，治疗会耗尽你的精力，很多时候你会想要放弃），但要记住关键的一点——这是一个安全的空间，你可以向你的咨询师敞开心扉。如果过程中有什么特别的困难，你可以告诉他们，这有助于他把控好节奏。就我的心理咨询会谈来说，我有很多的参与，也拥有主动权。她会问我想关注哪些领域，在克服某些问题方面我想优先做什么。

当然，有很多次她也会质疑我。如果她认为我故意回避某事，就会打电话给我。但碰上我不知所措的时候，她会教我如何抚慰自己。心理咨询会谈可以逼着你去面对那些令你万分焦虑的事情。但是要记住一点很重要——你处在一个安全和可控的环境中。

她的办公室靠近海滩，所以我有时会在回家的路上靠边停车，然后就坐在那里，凝视着大海。我经常会在某个风景不错的地方停下来，喝杯咖啡清醒一下头脑。毕竟能欣赏美景也大有裨益。

值得一提的是，我选择私人会谈只是不想被放在等待名单上，没有什么其他的原因。而且我也希望会谈对象能够自己选择，我不想治疗次数有限制——咨询师解释说平均治疗次数是12次，但直觉告诉我，就这么几次是不够的。

我记得我哭着告诉她，不知道从哪里开始——我有太多的事情想让她帮忙疏通解决。

我告诉了她我有强迫症和恐呕症，解释了自己不愉快的工作状况以及与父母的紧张关系。我说，我害怕失去我的公公，害怕接下来的几个月里不知道如何应对，特别害怕我的支柱戴夫不能像往常一样支持我。

我知道我必须讲出来性虐待这件事，直面它对我的影响。其实我思考得越多，就越觉得如果我不站出来承认他对我做的事情，我就无法原谅自己。

对于最开始的几次心理会谈，我没有什么深刻印象，我只依稀记得把发生的一切全讲给了我的心理咨询师听。每次去会谈时，我都会觉得有一肚子的话憋不住想要讲给她听。她会帮助我梳理复杂的情况，优先处理我想要解决的事情。我们一起制订了计划，但也承认生活是不可预测的。也许在某一天会出现新的问题，比眼前的问题更紧迫。

我有很多想要实现的目标，但也慢慢明白一个道理——实现目标的方式并不总是像你想象的那样。有时候，解决一段关系意味着结束，而不是修复。

我在完成心理咨询后并没有完全"康复"，但能更从容地应对生活中的挑战。它不能让我百分百地了解自己，但能帮助我接受一些事情，就是这样。

最重要的是，即便它不会给我所有的答案，也能帮助我掌握主动权，决定我真正想要的是什么，并赋予我力量去争取它。

第七章

在网上敞开心扉

我记不得是什么促使我在博客上公开自己的心理健康问题。其实在决定尝试最美极客之前，我有过另外一个博客，用笔名写了几篇关于恐呕症的帖子。第一篇是关于在达美乐点意大利香肠比萨的事。这好像是几年来我第一次有勇气吃比萨，这真的是一次巨大的（同样也是美味的）胜利。第二天，我居然重热了比萨吃，连着两次巨大的胜利。

　　其实最美极客并不是为了心理健康创立的，它不是完全匿名，只不过我非常谨慎地保持身份隐私。我从来没有在社交媒体上发布过自己的照片，但现在突然要在博客上写一些非常私人的事情，我感觉跨度很大。

　　有一天，我突受启发给心理咨询师写了一封信。这是一次宣泄式训练，有助于我厘清所有的进步和学到的教训。

　　写完信后，我得做个决定——是将这封信保密呢，还是点击"发布"按钮，把那不为人知的一面公布于众呢？

　　致我的心理咨询师的一封信

　　我害怕周围的世界，于是来找你。

　　在家办公后，我开始自我隔绝，不见家人和朋友。强迫症对呕吐的极度恐惧让我饱受创伤，于是我不遗余力地"保护自己"。

有时我会一周不出家门，我从来没有感到轻松自在。最简单的日常决定不是让我大哭一场，就是导致恐慌发作。有时候，我的情绪低落至极，觉得永远都开心不起来了。

我的家庭正在经历一段艰难的时期，我知道在见到一线曙光之前还会有更多的黑暗。我人生第一次即将面临失去，却不知道该如何是好。情况仍然很艰难，但一天比一天有所好转。

过去的问题重新浮现，我与亲近的人的关系饱受折磨。记得向你坦白过，我害怕自己"无法修复"，我看不到隧道尽头的一丝曙光。

我过去害怕一切，讨厌因为害怕一切觉得自己软弱无能。

曾经的我随性、爱冒险、精力充沛，而现在的我，只是一副空空如也的躯壳罢了。

认知行为疗法能够训练我以不同的方式处理事情，让我成为自己的咨询师，但你教会我的远不止这些。我学会了珍惜和照顾自己，让别人知道我的需要，你让我找回了自己。

你让我变得比我想象中更勇敢，给了我勇气去处理我从未想过能做到的事情。你让我有了新的感悟，让我了解自己，能质疑我的思维过程和负面想法。我仍然有我的问题，但你已经教会了我方法，让我更好地解决这些问题。和八个月前相比，现在的我已经焕然一新。

　　以前，我迫不及待地想见到你，迫切地需要一个发泄的地方。

　　我需要释放自己，需要你帮我整理混乱的思绪。我需要畅所欲言，能毫无遮拦地放声大哭，也没有人会加以评判。

　　现在我迫不及待地想见到你，因为我想告诉你，我克服了恐惧，实现了一个新的个人里程碑。不管实现的成就多小，你总是以我为荣。

　　在最后一次治疗中，笑容不禁挂在了脸上，我感觉生活终于踏上了正轨。我们一起解决了很多问题，这让我再次有了方向去追逐。我的心事得以了结，愤懑得以平复。我终于又体会到了那种快乐的感觉。

　　我从来没有想过要自杀，但有几次，我真的希望能消失，哪怕只有一小会儿。无论是闭门不出，手机关机，或是不理会别人，总会有那么一天，我不得不重新面对这一切。我总是一会儿焦虑不安地全身颤抖，一会儿又筋疲力尽到无法动弹，两者之间疯狂地切换。我不想睡觉，不想吃饭，懒得照顾自己。没有任何事能让我感到兴奋，我麻木了。最恐怖的情况是，在没有被恐惧或者伤心压迫得无法呼吸时，我渴望自己能有所感觉，但我没有。

　　但有那么一刻，你仿佛按下了我的开关。

　　突然地，我觉得自己又活过来了。我立刻感到情绪高涨，我有了目标，有了期待。离开会谈后，我充满希望，在回家的路上又停下来去看了海，我的内心从未如此平静和清晰。

　　我也不知道你是怎么做到的，但你帮我弄明白了很多事情。有时答案可能十分明显，而我自己居然没想到。你让我认识到，我的需要和感受绝不是无理取闹。你给予了我信心和力量，让我敢想，敢做，且能做成。

　　要说的话还有很多，但是你对于我的意义，以及短时间内对我生活的巨大影响，岂是能用言语表达的，你对我的帮助无法衡量。

　　你让我做回了自己。

　　我们一起笑过，一起哭过。很快就是最后一次会谈了，我发现很难想象没有你的生活。这将是一次艰难的告别，我终于感觉准备好了。

　　我希望你为自己的工作感到自豪，因为你做得很棒。你对我的那份善良、理解和同情心，若不是内心特别真诚，也不可能做到。你为我做的一切，我感激不尽。

　　我会想念你，永远不会忘记你教给我的东西，永远记得你帮助我取得了不可思议的成就。我想从心底里跟你说一句，谢谢你。

也许外面会有其他人和我一样，感到害怕、悲伤、绝望，也许这能让他们获得急需的勇气去寻求帮助。哪怕都不是，至少他们不会感觉那么孤单，于是我选择发表了这封信。但我不知道的是，自己刚刚迈出了第一步，朝着一段漫长而难以置信的旅程出发。几个关注我博客的人评论称赞我，这让我备受鼓舞，更有信心继续写下去。我一直犹豫要不要在脸书个人主页上分享我的博客，因为我仍然不确定自己是不是想要把网络形象与现实生活重叠起来。

没过多久，我就发现自己不是唯一在网上谈论心理健康的人。在推特上有一个庞大的博主群体，他们勇敢而坦率地分享着自己的经历，这让我大开眼界。我开始加入#谈论心理健康（#TalkMH），这是另一位博客作者汉娜·雷尼在推特上创建的心理健康聊天网站。每周的聊天中，我们会关注一个特定的话题（比如，我选的一个话题是电视上对心理健康的描述），分享我们的想法，并相互鼓励支持。受此鼓舞，我下定决心，在脸书上与所有的家人和朋友分享我的博客，收到的回复令我大吃一惊。他们非常支持我，告诉我敞开心扉的行为很勇敢，还有人主动联系了我，敞开心扉讲述了自己的挣扎。

我了解到，作为一名网络心理健康倡导者，我要做的不仅仅是谈论自己的经历。通过与其他人交谈，我极大地加深了对心理疾病的了解，这远远超出了我自己的情况。我和拔毛癖患者、边缘性人格障碍患者，以及强迫性皮肤摘除障碍患者都进行了交谈。我明白了写心理疾病的文章一定要注意敏感性，要使用合适的语言（例如，不使用"自杀"这样的术语，因为它暗示着犯罪），也学会了如何使用触发警告。我们组织了几次心理健康博友聚会，能和这么多跟我感同身受的人同处一室，我都不敢相信，这里让人感觉是一个安全的空间。当我看到另一位强迫症患者尴尬地用餐具吃饭，而其他人都用手吃饭时，我感觉极度的舒适。在他身上我看到了自己的影子，立刻感到不那么孤单了。这些人跟我都是同类，和他们相处时我可以完全放开做自己。

与此同时，我发现自己肩负着很大的责任，陌生人在挣扎时会向我寻求指导和建议。我一直心知肚明，自己绝不是什么心理健康专业人士，我没有医学知识的背景，只是在分享自己的心理康复之旅。我可以分享一些对我有帮助的东西，推荐一些有相关资历的专业人士，例如全科医生或心理咨询师。

我做的一切都是为了传递有用信息，最终目的是帮助他人。但是至于到底是在帮助别人，还是只提供了我并没有资格给出的建议，这真的很难界定。

所以，我在这里重申：如果你因为本书中谈到的任何心理问题正在苦苦挣扎，请告诉你的医生。他们能够给你提供最好的行动方案建议，无论是在药物方面还是心理咨询方面，抑或两者都有。既然在我身上能起效，那么你也一定能——当然也有例外。

我也遇到过几次非常危险的情况。有些人联系我的时候，他们的心理状况已经非常糟糕，我不得不担心他们的生命安全。我意识到，在这些情况下，首要目标是确保他们不会轻生。有一次，一个非常痛苦的人在推特上给我直接发信息，他在信息里暗示有自杀的想法，分享了一些令人不适的图片，还表明计划如何自杀。我想要找他交谈时，他的回答前言不搭后语。面对这个人可能有生命危险的情况下，我别无选择只能报警。我给了警方这个人的推特账号，刚好是他的全名。我也向警方提供了所有能从他个人资料中找到的线索，帮助警方确定他的大致居住地。

第二天，警方告知我那个人没事。我收到他的信息，说他并没有因为我报了警生气，并理解我这么做的原因。自从那次事件后，我打算也要为自己着想。我告诉他，如果继续有自杀的念头，就联系父母、全科医生或心理健康专家，然后我就和他划清了界限。我认识到我没有做好准备，无论是在情感上还是在专业角度上，我都没有准备好去帮助他们。

但我想说，我的博客让我受益匪浅。每次分享完自己的帖子，然后收到经历类似挣扎的老朋友的消息时，我都能为他们指明正确的方向。我真的感觉自己在帮助人们——虽然我做的只是鼓励他们去寻求帮助。有时候人们只是需要听到那句话：你不是一个人，你可以在外面获得帮助。

我收到人们发来的电子邮件，感谢我分享自己的故事，并询问我一些问题。我喜欢在网上敞开心怀，帮助开启关于心理健康的对话。希望这个社会对那些正在挣扎的人多一份理解和同情，也能多一分耐心和宽容。

第八章

站出来说话

刚开始接受心理咨询的时候，我就清楚两件事。我知道自己和父母的关系是个大问题，因此想彻彻底底地跟他们谈明白；我想鼓足勇气站出来去公开指责那个对我施虐的人。这两个念头在我脑子里吵破了头，原因就是第三件事——我的父母永远不会支持我对他采取法律行动。在我十几岁的时候，主动站出来说话从来就不在我的考虑范围之内。虽然我现在是成人了，可妈妈仍然会有一种"藏起来就没人会知道"的心态。我不知道这个心态是哪里来的，我想这应该是出于本能吧。虽然在我眼中她一点儿都不讲道理，但不知怎么我就是能懂她。

我从来没有真正质疑过妈妈的决定，我相信她做的一切都是为了我好。她说，她不想让我经历通过走漫长的法律程序所带来的创伤。我很感激小的时候不必经历这一切，现在的我知道这有多难。即使是现在，我也不会责怪她。我只是希望她能在处理问题时给我更多的发言权，或者至少让我觉得这个问题是可以讨论的。

很长时间以来，我一直坚信是自己出了问题。我知道施虐者对我的所作所为是错误的，但对于他的行为，我感觉不到一丝愤怒或者悲痛。每次的泄愤感觉都是被逼无奈的行为，一点儿也不自然。

　　我跟戴夫分享自己的那一面后，我们深入探讨了我的感受。我告诉他，我觉得自己的内心像是一潭死水，所有你听到过的该出现的创伤，我一概没有，所以我肯定是出了什么问题。

　　后来我意识到事情并不是这样的，原因有两个：

　　1. 每个人都是不同的，每个人都有自己应对创伤的方式。敲黑板画重点，这点很重要。

　　2. 创伤给我带来的影响是多方面的，因此需要一个漫长的过程，才能把我现在的样子和过去发生在我身上的事情联系起来。

　　我的父母一定认为他们这样做是对的，我绝对不会因此责怪他们。在他们看来，跟施虐者断绝了关系，阻止了他的行为，那么事情也自然而然解决了。

　　我在想，童年的我需要一个机会来解决问题。我需要把问题讲明白，这样才能理解到底发生了什么。我需要别人告诉我该怎么做，但恰恰相反的是，这件事被完全地隐藏了起来，这让我更加觉得自己在无中生有，小题大做。

　　我十几岁的时候交往过几个男朋友，但我发现自己很难跟他们有任何的亲密行为。我很喜欢第一个男朋友，但做不到主动亲吻他。18岁的时候，我和一个比我大得多的男人约会过，现在想想，这绝对不是个明智的选择。

心理咨询师的一连串简单的问题让我意识到了最重要的一点。

"性虐待开始的时候你几岁？"她问我。

"八岁"。

"强迫症开始的时候你多大？"

"八岁。"

"你会强迫自己过度地洗澡吗？"

"是的。"

我还是不明白她的意思。

"他给你的感觉是怎么样的？"

"很脏。"

噢。

我的天。

意识到这一点后，我好像被扇了一记耳光。

她提示后我就明白了，但之前我从来没往这方面联想过，我怎么就没想到呢？很多患有强迫症的人做出仪式性的动作是为了保护他们所爱的人，可我没有这方面的责任。我的心理咨询师觉得，那个阶段的我正在逐渐失去对自我的控制，正是强迫症让我找回了一点儿控制的感觉。

当然，大脑真的怎么想怎么做，谁又能知道呢？要搞清楚来龙去脉，就会难上加难。这跟身体受伤不同——用刀割伤手指时，它会流血。显而易见，一件事导致了另一件事发生。但我发现，心理健康的问题要复杂得多。我们的头脑就是一个谜，每个人处理事物和应对创伤的方式都不尽相同，而且往往都是不可预测的。

但这个解释感觉很准确，它一定是正确的，我能感觉到。

在理解了自己是如何变成现在这个样子后，我竟然出人意料地感到慰藉。即使只是凭经验做个推测，也能起到安慰作用。

要是当时我从父母那里能得到我需要的支持，事情会不会变得不一样？也许吧，但猜测是毫无意义的。

在心理治疗最开始的时候，我就跟路易莎提过，无论如何，我最终都要把那件事说出来。我觉得现在是时候了，我知道，要翻过人生的这一篇章，这是唯一的办法。我经常在担心，他会不会继续对其他孩子做同样的事情，就因为这个原因，我也想这么做，我要确保这样的事不会再发生。

我记得路易莎列出了我手头所有的选择。

"我们现在就可以报警。"

我的胸口一紧。不，我还没准备好。

"你可以回家后报警，我们可以下一次会谈时继续聊。"

好多了。对，我需要单独做这件事，私下里做，但是为什么感觉那么可怕?

"我现在可以给他们打个电话，帮你看看要是换成你报警会怎么样，可以吗?"

嗯。我需要这样。我需要有点儿心理准备，而且这样做我就不用承担责任了。我得知道自己能不能随时反悔，我要清楚当我觉得自己坚持不下去了，我能不能改变主意。

路易莎替我和警方谈了谈，询问了我的所有问题。在确信我可以随时改变主意，而且不会勉强我做不想做的事情之后，我鼓足了劲，准备亲自打这个电话。

打电话的那天下午我独自一人在家，拨号码时我浑身发抖，但我觉得自己已经准备好了。接电话的是个男生，我有点吃惊，但他热情友好的声音立刻让我放松了下来。

"我想举报一件小时候发生的性虐待事件。"我几乎是实事求是地说。

他亲切地问了我几个简单的问题，并记录了一些细节，然后解释道会有人联系我安排正式的笔录。我当时希望事情当下就能有个了结，但现在回头看，我怎么会天真地以为这个案子能当天办当天结呢?

最后，我和一名警官约了下个礼拜去做笔录。对我来说，要记住每件事发生的顺序和时间是件很困难的事。不知道这是不是侧面反映了我当时的精神状态，或者仅仅是因为整个事情持续了很久，导致我很难记住每个细节。在得知跟我交谈的是女警官后，我舒了一口气——在电话中聊天是一回事，但我还是无法与男性面对面地谈论这件事。

第九章

应急按钮
和小甜甜布兰妮

去警察局做笔录是在下午4点左右，时间也许不那么准确，我只记得当时是冬天，天快黑了。我走进了当地警察局，一脸焦急地坐在等候区。前台处站着一个男人想进来取一些个人物品，出于某种原因，工作人员告诉他不允许进入，于是他开始坐立不安，显得十分焦虑。我真希望有人能带我远离这里的嘈杂，我试着去玩手机，希望分散自己的注意力。这件事我没有告诉身边任何一个好朋友，只有戴夫知道。他非常支持我，一直告诉我他觉得我很坚强，并表示我需要什么样的帮助尽管提。

　　负责我案子的女警官走了过来，她向我打了声招呼，我松了一口气。她看起来热情和蔼，也许和她谈谈这件事不会太糟糕。

　　她领我进了审讯室，房间是消过毒的，收拾得像个舒适的起居室，但给人一种冷冰冰的感觉。舒适的沙发和坐垫靠在冰冷、毫无温度的白色墙壁上，角落里的录像设备和桌子上的一盒纸巾仿佛在提醒我，我来这里可不是为了愉快地喝茶唠嗑。

　　"小心别碰那个"，警官指着墙上的黑条对我说，"这是紧急按钮。"再一次醒目地提醒我，这里的氛围令人不愉快。

　　我们聊了一会儿，她先问了我几个问题。我猜她是想让我放松，然后慢慢过渡到正式环节。她问我是做什么工作的，我说在出版业工作。她告诉我，即便发生了这样的事情，我依然能过得很好，这真的很棒。她说，很多跟我相近的故事往往结局都不是很好。

我眼眶湿润了，她看上去很为我自豪，可是我不配，我觉得自己根本没有过得很好。

她把我描绘成了受害者的形象，但这样的方式让我很不解。我觉得只有受害者才能给自己贴这个标签，可我从来没有这样的想法。

有趣的是，很快我就发现没有什么合适的词能形容我的情况。无论如何组织言语，总是感觉有点不对劲。

说"受害者"吧，感觉太可怜，太悲哀。

说目击"证人"吧，又感觉程度不够，一副事不关己高高挂起的样子。

在整个笔录过程中，我听到这两个词被频繁提起。每一次似乎都在提醒我，在跟我说话的那个人并不真地理解我所经历的一切。对他们来说，这只是一份工作。也许他们每年都会和成百上千个像我一样的人打交道。

但对我来说，这就是我的一部分。我试图不让这段经历左右我，却以失败告终。如果让我选一个词来描述自己，我可能会说"幸存者"。它强调的不是过去创伤所带来的悲痛和挣扎，而是要凸显出经历过并存活下来的那份勇气。也许这样说很俗气，但我喜欢。在简短的开场白聊天后，摄像机开始工作，笔录正式开始。

我告诉她，对于我所经历的事，我很难启齿。于是为了给我预热，她先问了一些比较轻松的试探性问题。

她鼓励我尽可能描述得详细和真实，但当我一口气讲完整件事情后，我感到自己如同机械般冷冰冰的。要是我的案子真的上了法庭，陪审团看了我的证据，他们会怎么看我？我给人留下的印象大概会是个面无表情的反社会分子吧。一方面要讲述人生最糟糕的经历，另一方面要告诉自己得讨人喜欢，这简直太要命了。

其实我根本不应该担心自己给人留下什么样的印象，但我就是控制不住。

我尽可能地按照逻辑顺序捋了一遍整件事情的脉络，然后就是回答提问。我很沮丧，我知道她只是在尽本职工作，但她的一些问题似乎无关紧要。为什么她会挑这些细枝末节的问题？他是用哪只手碰的我很重要吗？我怎么可能记得当时穿了什么衣服，或者当时的坐姿如何？

我告诉她，整件事情的开端是一次不恰当的评论。

有一次他带我去海滩，他一句话也没说，一只手就放在了我的胸部。最让人哭笑不得的是，当我想说他给我买的那张CD是布兰妮的时候，场面一度十分尴尬。我只记得是一张CD，但记不清是哪一张了。就在刚刚，我还详细描述了一位家人朋友侵犯我的经过，可就是不敢承认自己喜欢布兰妮。当你身处一个陌生的房间进行拍摄，房间里还有一个紧急按钮，大脑就莫名其妙地开始想其他事。

讲到13岁生日那天早上发生的事时，我感觉到内心的焦虑不安在加剧。我的指尖变得冰冷，有微微的刺痛感，整个胸口好像有石头压着一样。

等我一口气讲完了整件事情后，我们开始讨论为什么他会选择那一刻做这件事。突然间一个念头闯入我的脑海，我记得他的手在慢慢往下移动，直到停在我的……

我在脑海里搜索着所有可用的字眼，想要找寻最合适的那个词。

"我的——"我紧张地笑了起来，满脸通红，感觉很不自在。

"我的——"我指了一下那个部位——"私密部位。"

"你会用什么词？别不好意思，我也不是第一次听这个词。"

我就是做不到，这个词就像一块干面包一样卡在我的喉咙里。

我用带着发颤的声音，恳求去一趟洗手间，在厕所里（不知道为什么，警察局的厕所让我想起了学校），我试图让自己平静下来。我记得厕所贴着一张很好笑的海报，我当时真希望自己有手机可以拍下来。然后我开始责备自己，怎么就不能严肃一点儿，一切都感觉很奇怪。我处在一个完全陌生和可怕至极的环境里，但仍然能在傻事中寻乐。我告诉自己，我别无选择，我必须回到那里，把需要说的话说出来，就像撕掉创可贴一样。

回到笔录室后，我照做了。我深吸了一口气，咬紧牙关，就像13岁生日那晚在卧室里那样。这是一条全新的信息，是我第一次说出来。我没有告诉我的父母，我的朋友，戴夫，或是我的心理咨询师。我想，我也是在大约15分钟前才记起来的。

第一次分享这个巨大的秘密，我仿佛回到了13岁生日的那个晚上。

她示意继续我们刚刚的话题，我深深地吸了一口气。

"……"

话一出口，我就松了一口气，感觉浑身软绵绵的，我激动得浑身发抖。但很快，自我怀疑开始悄悄蔓延开来，我之前撒谎了吗？不然为什么我刚刚才想起来呢？要是没发生过这件事呢？也许我当时惊慌失措，觉得需要编造一个故事。

我试着赶走这些不合理的想法，这样的事情没有人会给你打预防针。你会担心警察不会相信你，担心父母会觉得这是你编造的。但你从来没有想过，就连你的大脑也会背叛你，跟着他们一起怀疑你的故事。

"照顾好自己"，当我准备离开时，警官亲切地对我说，"回家吃点儿巧克力吧。不过，尽量不要喝酒。"

我点点头，微笑着，脑子里一直在想家里的那瓶酒。不管了，今晚当然要喝一杯。

第十章

重塑自我

我学到的最重要的一个道理就是，要应对性虐待造成的创伤，没有什么标准的方法可以遵循。

十几岁的时候我还小，并没有真正去思考发生了什么。在那晚告诉爸妈之后，这件事可能也就重提了一次。也许正是因为缺乏任何形式的"后果"，导致我对这件事没有任何感觉。也许从某个角度看这是件好事，跟他断绝关系后，任何有关报警的想法也很快被否决了——事情就这样结束了。

如果没有深入分析过我的感受（或者"盘问"），人们很容易得出结论，我的事情没有什么大不了。

这几年来，我跟戴夫谈了很多次性虐待对我产生的影响。很多时候，我得出的结论是没有影响。

"它怎么可能没有影响我呢?"我记得有一天晚上在大学卧室里问过戴夫，在那之后，我问过他很多次。戴夫总是说不出话来，这也能理解。这样的问题怎么回答呢? 他会抱着我，说他不知道答案是什么，但向我保证，无论发生什么他都爱我。

你一定听过很多性虐待幸存者的故事，也知道他们的创伤从何而来。你会在书中读到，很多人即便在多年之后仍受影响，导致无法信任别人，患上创伤后应激障碍（post-traumatic stress disorder，缩写为PTSD），还会有永无止境的噩梦。

　　我怎么可能就一切安好呢？我在情感上不是特别坚强的人，打小别人对我的评价恰恰相反——我太敏感了。

　　我唯一能想到的（说得通的）解释就是，我的心不知为何已经死了。也许是因为受的伤害过大，导致我内心的一小部分，就是能感到疼痛或处理创伤的那部分衰退了。当然，很久以后我才知道这不是真的。

　　我虽然没有受过闪回⊖或者抑郁的苦，但也没好到哪里。我的痛苦和困惑，总是通过持续不断的恐惧状态表现出来。我害怕生病，害怕变脏，我周围的一切都可能是污染物。我现在明白了，原来我把这个世界看作一个不安全的地方——也许这是我的大脑对发生事情的夸大反应，是保护我免受任何进一步创伤的方法。可是我的恐惧总是虚无缥缈，这导致我没有立即把它跟眼前的事情联系起来。

　　很长一段时间里，我一直把自己的恐惧和对干净的需要当作性格怪僻。直到它们占据了我生活的方方面面，让我感觉自己如同过去的一副空壳，我才意识到，这背后是有原因的。

⊖　创伤后应激障碍的其中一个病症。

第十一章

暴露疗法

如果你让我描述一下完美的一天是什么样的，那肯定要从舒舒服服地睡个大懒觉开始，然后是一顿美味的早餐。咖啡和糕点很不错，浆果和酸奶也挺好。

　　在准备投入一天的工作前，我会起床美美地冲个热水澡。

　　然后，我会跷着脚，欣赏一些令人放松的视频，看着人们呕吐的样子。

　　再之后，我可能……

　　停一下，什么？

　　抱歉，是我说得太恶俗了？这种感觉好像是粉笔刮擦黑板。我期待着你的反应是，先一愣，之后才恍然大悟。或者，至少质问一下我写书的时候喝了多少酒。

　　没人会觉得观看别人"口吐秽物"是快乐时光，在我接受心理咨询的两三个月中，这是我每周一次的例行公事。

　　即使是对心理咨询术语知之甚少的人，也可能听说过暴露疗法，并对它的含义有所了解。

　　你怕蜘蛛吗？好，那就把你锁在一个爬满蜘蛛的房间里。害怕小丑吗？那就雇个人装扮成潘尼怀斯的样子，一脸狰狞地藏在你的后花园里，这种疗法就是让你直接面对恐惧。

　　刚刚说的纯属开玩笑。恐惧症不是儿戏，暴露疗法应该由专业人士在安全和可控的环境中进行。你要是装扮成小丑，躲在我的后花园里，迎接你的就是一顿打，我认为这才是公平的。

　　虽说我的恐呕症主要是害怕生理上的呕吐，但如果看到或听到与呕吐相关的词，也会引起我严重的不适感。我的心理咨询师也想解决这个问题，我们很仔细地讨论了每次无意间听到别人呕吐时我会有什么感受。我告诉她，如果看到电视里有人在呕吐，我必须堵住耳朵或者离开房间，要是我知道某部电影里很有可能出现呕吐场景，我会选择不看。我记得她让我准确地描述一下我讨厌的呕吐声音是什么样的。我告诉她，我不喜欢呕吐物从胃里上涌时发出的可怕声音，听起来像是要窒息了，让人喘不过气来。我觉得呕吐时的声音实在难以入耳，听起来既痛苦又不自然。

　　暴露疗法（类似脱敏疗法）听起来有点吓人，但其实没什么好怕的。首先，你不需要一头扎进去，它是有过程的。其次，整个过程都是安全、可控的，而且是按照你自己的节奏进行。

　　为了给我时间适应，我们先从简单的做起。我需要读很多与呕吐有关的单词，要大声说出来，对于那些十分困难的单词，我要自己写出来。还记得我之前提过自己迷信吗？嗯，在这里就体现出来了。

哪怕只是写下"诺拉病毒"这个词,我都会担心这张纸化身病毒把我感染,使我恶心呕吐,我必须把纸撕掉才能安心。如果我用谷歌搜索过这个词(真的,我搜了很多次,还记得"囧歌"吗?),我也必须删除浏览器的历史记录,理由跟之前一样。你看,计算机"病毒"是不是有了新的定义?

我平静下来,放慢速度,一笔一画地把这个词写下来,在这之后,我必须看一会儿纸上的那个词。我盯着它,不能中断眼神接触(在我看来这件事就是这么可怕——即使我在复述这个故事时,我也把这个词当作人一样来讲),深吸一口气,我必须专注于我所感受到的焦虑。心理咨询师一直告诉我,当焦虑爆发时,我的任何生理感觉并不意味着危险——它们只是我神经系统失灵的副产品。

完成这个挑战后,下一步就是看图片。在治疗的每一个环节,她都会问我感觉如何,治疗始终会按照我舒服的节奏来进行。

我们从人物呕吐的卡通形象开始,这也是为了让我放松下来,能一步步地提升我的容忍度。在几周的时间里,我有了稳步的提升。从卡通图像变成了照片,之后是声音片段,然后是动画视频,最后是真人视频。

在每一次会谈之前,她都会简要地跟我描述一下我即将看到的事情，然后我们会对焦虑感做个预判。每次我看完后，她都会问我感觉如何。我开始注意到，比起之前，我的焦虑感减缓了很多，看照片并没有我想象的那么糟糕。我发现，也许我的很多恐惧是因为在等待呕吐（在等待呕吐发生时的恶心感），而不是害怕呕吐这个过程。

我记得有一段视频播放的内容是一位电视节目主持人在直播中呕吐，他处理得很从容，事后甚至还笑了一下，其他视频的内容也是人们在公开场合呕吐。我的心理咨询师问我，如果我在一大堆陌生人面前呕吐，会有什么感觉。我说我会觉得那很可怕。然后她问我，视频中的旁观者是不是感觉十分恶心，或者吓坏了。我仔细一想，不是的。

我明白了，原来很多时候，我的焦虑都是因为我在脑海中形成了对呕吐的扭曲观念。对于呕吐，我会有非常强烈的情绪——我害怕的是自己脑补的羞愧和不安的感觉吗？我回想起在公共场合看到其他孩子呕吐的情景，事后，他们看起来既羞愧又沮丧，他们脸上的表情在我脑海里挥之不去，这对我产生了莫名的影响。也许是因为这些场景一直伴随着我，导致我很害怕经历一遍这些孩子的感受——惊吓、羞愧和尴尬。

在暴露治疗期间，当看到别人任由身体做出必要的反应时，我感到莫名的安心。更让我感到欣慰的是，他们在呕吐后安然无恙。这绝对是一个开始，这小小的突破给了我很多勇气。

从那时起，如果即将出现呕吐的场景，我不再闭上眼睛，也不再用手指堵住耳朵，我会一眼不眨地盯着屏幕，通过呼吸来调整焦虑感。

在治疗期间，有一次戴夫在外面酒喝多了，当他回到家后，狂吐不止，一直持续了好几个小时。但我没有跑得远远的，而是坐在浴室门外陪他，甚至还在厕所里待了一会。我并没有亲眼看到他呕吐，但也听到了声音，之后我也逼着自己看了看马桶里的东西。

我把这件事汇报给了心理咨询师，她听完后非常激动。她笑着说，我向你保证，这不是我精心策划的，但我们都认为这是一次完美的暴露治疗。

当然，如果戴夫感染了肠胃病，我想我就不会那么勇敢了。虽然我能勉强看呕吐物，但要是自己也可能会呕吐，我还是会被吓得手脚冰凉。

但在那个阶段的每一次胜利，哪怕再小都是值得庆祝的。

第十二章

我的超能力
叫强迫症

在开始这一章之前，先说一下免责声明。我不是在美化我的精神疾病，而是在打趣自己，打趣那个因为心理精神疾病而做了让人哭笑不得的事情的我。

　　强迫症和恐呕症使得我在以下几个方面变得非常出色：

　　1. 能像犯罪侧写师一样通过分析评估出一个人的身体健康状况。我以前常常在超市里玩一个有趣的游戏，叫作"找找最不像生了病的收银员"。有一次我没有相信自己的直觉，之后和收银员聊天，她告诉我那天早些时候她病了，这才是真正的魔法。

　　2. 用我的胳膊肘换轮胎。好吧，严格来说这不是真的，但你会惊讶到很多事情我不用手就能做（请自行脑补表情"肮脏！"）。有一次，因为频繁地拧水龙头、开门，以及捡东西，我的手肘上出现了淤青。我是真的把"解放双手"的概念提升到了一个全新的境界。

　　3. 不怕滚烫的开水。这里的"不怕"是指"能够忍受双手常年的酸痛，红肿又皲裂，看上去像戴了副手套"。性感。

　　4. 我的皮肤产生了黏性保护膜，就像蟾蜍一样。好吧，这又是我编造的。但我确实有一段时间用了太多的酒精凝胶，导致我整个人摸起来都黏黏的。我上一条都说了，很性感是不是？

　　5. 食物煮过头。没有人能像我一样，把比萨做成了一块硬邦邦的炭化圆饼。当然，我还是会安慰自己，至少这样食物是够熟的。因为，梅丽莎啊梅丽莎——只煮了10分钟的豌豆，肯定会让你食物中毒。

6. 说服自己，要相信上述所有的行为都是为了避免受到伤害，是非常明智的举措。

虽然我的强迫症主要是因为怕脏，但有时候也会加入仪式感行为的影响。对我来说，每天最难处理的事情莫过于需要引导一段特定方向的对话。

要是某事让我感到特别焦虑，或者碰上月经的头几天，我就会变得高度警惕。如果我觉得戴夫没有认真听我说话，或者他的反应与我预期的略有不同，我会重复说过的话，直到得到"正确"的结果。而且我做这些事的次数是不固定的，我会不停地做，一直到感觉舒服为止。如果感觉不到安全，我不会寻求一次安慰就完事，我会不停地寻求，但这反而让我越来越焦虑。

在很长一段时间里，戴夫不明白我为什么要做这些事。于是我重复得越多，他就越沮丧，他越沮丧，就越不可能给我"需要的"答案——就这样陷入了恶性循环。

在心理咨询中探讨这些问题时，我发现自己能够说清楚做这些事情的原因了。这样戴夫就能理解我，就能在我焦虑的时候更好地支持我。他并没有感到沮丧，而是用温柔的语气问我为什么要重复这些事情。他会问我在焦虑什么，我们可以好好地聊一下。

你可以想象，即便这样做，有时沟通还是会很困难，因为自己不能进行正常的对话，我经常会沮丧到极点。真的很着急的时候，漏说一个词都不行。即使我说"谢谢"，戴夫没有回应，我也会一直重复，直到他回我"不客气"。回想起上小学的时候，我总是会对其他一些孩子重复说"对不起"这个词，我不知道为什么这么说，也不知道我为什么道歉，但成了尽人皆知的"对不起"女孩。其他一些孩子觉得这很有趣，直到最近，我才发现这种行为跟我的一些强迫行为有关联。

当我因为强迫症陷入困境时，我会提醒自己没有必要做这些事情。我会思考为什么要让自己焦虑，然后提醒自己，阻止我变得快乐和放松的人只有我自己。我用"快乐"这个词当作口头禅，希望能记住幸福快乐的选择权在我手上。

我知道，这一切都源于根深蒂固的恐惧和不安全感，我害怕周围没有人倾听。小的时候，每一次被忽视或被打断都会让我陷入愤怒和痛苦之中。

仔细想想，有一条恒久不变的线索贯穿我整个人生。我和父母的关系破裂，很大程度上是因为他们拒绝听取我的意见，我从来没有感觉到他们认同或尊重我，甚至没有试着去了解我。

我发现，我不是天生就迷信，但强迫症和恐呕症造就了一些迷信行为。比如，说完"呕吐"两个字就要念上帝保佑，害怕"违背天命"而不愿说特定的词，或者一反常态，开始相信因果报应（我不能做，否则宇宙会惩罚我呕吐）。

因为强迫症，我做了很多令我难以启齿的事，其中一件事就是吐口水。如果我不小心用"脏"的手碰了嘴唇，或者有什么东西溅到脸上，我就必须吐口水，减少因沾染脏东西而生病的风险。我讨厌在公共场合吐口水，但有几次，我却不得不这么做，真是多亏你了，强迫症。

在我看来，这种迷信行为很顺理成章地为强迫症提供了养料。如果你认识一个正在饱受煎熬的人，请不要鼓励迷信行为。哪怕是听到有人漫不经心的一句"天气会一直都很好"时，你脑子飘过的一个轻松念头——比如，别高兴得太早，上帝保佑，也可能怂恿这种奇怪的迷信思维。根据我的经验，它一旦形成就会带来巨大伤害。

第十三章

我最爱的公公

　　遇到戴夫的那一刻起，我又多了一个幸福美满的家庭。他们敞开大门欢迎我入住，在经济和情感上都支持我，让我第一次见识到了一个舒适、温暖的家庭是什么样的。

　　结婚后不久，戴夫的爸爸阿尔菲身体一天比一天差。医生发现了肿瘤，便让他接受治疗，但细节一直含混不清，而且从来没有真正使用过"化疗"这个词。大多数时候，他依然跟往常一样，始终保持着积极心态。

　　第二年七月，他因为各种手术频繁住院，但每次我们去看望他时，他仍然豁达乐观，开心得像个小孩子似的。即使是现在，我仍然敬畏他的这份坚韧和勇气。

　　那年晚些时候，我在厨房里看到一张有关姑息治疗的传单。虽然他们表面不说，但病情的严重性已经越来越难以掩盖了。

　　感恩节的前一天（戴夫的妈妈是美国人，所以我们经常家庭聚餐），一家人陪着阿尔菲去了医院，约专家进行谈话，这是全家人第一次和医生坐下来谈话。

　　我们坐在那里，一脸的不敢相信。医生证实了我们担心的事，医院不再治疗他，只是为了让他尽可能过得舒服。

　　随后，我和阿尔菲离开了房间，坐在等候室。我们聊起未来几周的计划，好像什么都没发生一样，戴夫问他还有多久，阿尔菲说三个月。

事实上不到两周。

在经历了噩梦般的医院会谈后，我们回到家里，坐在一起，显得有些麻木，但又禁不住放声大哭起来。即便是戴夫妈妈，似乎也没有完全意识到他的病如此严重——但也有可能只是在否认。这突如其来的噩耗，让我们一时间难以接受他将不久离开人世的事实。突然之间，我们失去了一位丈夫，一位父亲，一个对我十分慷慨和善良的人。他欢迎我来到他的家，把我当作家人对待。这段时间以来，我们一直在担心和猜疑最坏的情况，以这种奇怪的方式得到了答案，反而让人松了一口气。

感恩节过后，戴夫和我搬进了他父母的家，希望尽可能地做他们的后盾，花更多的时间陪阿尔菲。在令人心灰意冷的几周里，我们体会到了家庭的力量是多么强大。一家人团结在一起，互相扶持照顾，每个人都尽了自己最大的努力。没有人真正思考过他去世后该怎么办。我们无法想象没有他的生活，所以只专注于维持当下，能多过一天是一天。

有一天，我们感觉到事情有些不对劲。医生过来告诉我们，阿尔菲需要去医院，到了那里后，医生通知我们，他只有几天的时间了。

我和阿尔菲之间有个全家皆知的笑话。阿尔菲说我是他最爱的儿媳，我说他是我最爱的公公。那天晚上在医院，我们知道这很可能是最后一面了，于是都花了一些时间和他道别。

我告诉他，我爱他。他说，在他眼里我不只是儿媳。

第二天早上，他走了。走的时候，我们所有人都在他身边。我们都知道这一刻要来了，但还是没有一点点防备，不是吗？戴夫和他爸爸非常亲，这对他无疑是晴天霹雳。

接下来的几个月是我人生最黑暗的一段经历，我们每天都在泥潭中摸索着，想要弄清楚下一步该怎么走。

我的心理咨询师会拿杯子里的纸巾来展示我们的压力源和负面情绪是如何变得过多的。每一团纸巾都代表着引起伤痛或焦虑的源头，最终，因为杯里纸巾太多，水就会溢出来。

2016年上半年就如同一个不断溢满的杯子，每个人都面临着不同的悲痛和挣扎。法庭的案子可能会拖好几年，随之而来的压力和不确定性像一座大山一样压着我透不过气来。我感到很孤独，迷失了自我，没有一点儿成就感。然后是令人心碎的求职过程，我与父母的关系也一步步走向破裂。这是一段漫长而艰难的时期，充满着绝望、恐慌、孤独和空虚，有时候感觉自己再也不会快乐了。

我感觉一切都要分崩离析了。

第十四章

小心轻放

最美极客：
一个强迫症患者的自我救赎之路

我很希望自己能说在法院体系的体验是积极的，可事实并非如此。当然不是说很可怕，但我本该受到更好的对待。

我不断告诉自己，你的案子不属于优先级。我当然明白一起历史性的性虐待案件比不上正在调查的犯罪案件。但听到"不好意思事情拖了这么久，我一直在忙着侦破谋杀案"这样的话并不能起到安慰作用。虽然这样说有点儿无理取闹，但我感觉他们在轻描淡写发生在我身上的事情。而且更让我恼火的是，他的语气像是在吹嘘抓杀人犯——他真的以为我会奉承地说"哦，干得好"吗？

虽然我不理解爸爸妈妈的思维方式，但我很善于预测，可惜我的预测还不够好，他们还是好几次都把我打得喘不过气来。到头来，我也没有毫发无损地走出我们关系的雷区。跟妈妈打交道经常感觉是在处理挥发性物质，大多数时候，我知道如何对付她，同时不会给自己造成太大的伤害。但有时候——也许是我太骄傲自满——只要我犯一个错误，就会送我俩进入火海。

我没有幻想过父母会支持我报警的决定，所以选择尽可能地推迟告诉他们这件事。

当警察明确要求他们提供证词时，我知道自己别无选择了。有最好的朋友站在我身边，我咬紧牙关，拨通了号码。我努力地保持镇静，然后告诉妈妈，我已经决定去警察局报案，揭发多年前发生在我身上的事情。

一阵寂静后，"哦，梅丽莎，你做了什么？"

我的心一下子沉了下来，感觉泪水在眼里打转。我告诉她，我需要这么做，我需要有个了结。

"了结？"她告诉我，"是由宽恕得来的。"

她不懂，我知道她不会懂。我解释说，这不仅仅因为我自己的感受，而是因为他可能会伤害到其他人。带着坚定和一股不知哪里来的自信，我告诉她，我已经做出了选择，我必须这么做。

难以置信的是，她开始尝试转移话题。"那么，你最近还在忙什么？"

我的朋友一直握着我的手，她看我的眼光充满着不可思议。"挂掉电话！"她用口型示意我，一脸的愤怒。

我告诉妈妈，我得挂了，然后一屁股坐在朋友的卧室里，一股莫名其妙的强烈焦虑感和悲伤笼罩着我，全身疲惫不堪。我轻坐在落地窗前，拼命地深吸一口气。我哭了，没有歇斯底里，只是疲倦。我感觉大脑快要停止运作，逼迫着自己不要再想她的话，不要管这对接下来案子的走向有什么影响。在那一刻，我甚至没有意识到，这场对话会是我跟父母断绝关系的导火索。

那天之后，他们会跟我互通邮件，想借此来淡化我对那件事的回忆。现在回想起来，我当时应该去拜访他们，或者至少给他们打个电话，但我觉得自己一定吵不过他们。我不想累垮自己，也不想让任何人改变我的想法。

之后，警察去拜访了我的父母。不出所料，他们拒绝签署声明以证实我对案子的复述。我很难过，但一点儿也不惊讶；我很受伤，也很恼火，但说不上受到背叛。至少，现在还没有。

整个案子的时间也很不凑巧，我在11月做了初步陈述，刚好是阿尔菲去世前几周。戴夫的其他家人不知道发生了什么，我还没有准备好告诉他们所有的事情；即使我已经准备好了，他们手上要处理的事情已经够多了。虽然我心里知道这样做是正确的，但总有怀疑的声音在削弱我的心理防线，让我质疑为什么要让自己经历这一切。

最惨的一天，我和警官刚通完电话，然后不得不马上振作起来去参加一个追悼会。警官也想和戴夫谈谈，当我解释说现在不是时候时，她显得一点儿都不通情达理，最后她还是给戴夫打了电话。事后，戴夫对警官非常不满，说她的做法有失得体，不考虑别人感受。我非常生气，于是考虑要不要找另一位警官来处理此案。最后我想到，这样做可能会导致案子进一步推迟，这样的话就得不偿失了。我告诉自己，我只要咧着嘴笑，咬咬牙忍受一下，案子很快就会结束的。

最终所有的煎熬得到了回报。我接到一个电话，告诉我他们审讯了性虐待者，他已经承认了所有罪行，我们成功了。

我开始大笑，笑声带着奇怪的颤音。警官听起来真的很高兴，她告诉我，"看，没有你父母的支持，你也讨回了公道，你得到了救赎。"

我又笑了起来，因为"救赎"这个词绝对用错了。我想了一段时间用什么词比较合适，然后才意识到她的意思是"平反"。

我以为这样就结束了，感觉自己锁上了一扇巨大又沉重的门，转动钥匙发出响亮的咔嗒声。这么多年后，我终于可以继续前进。

但我错了。

第十五章

信

几个月前，我和父母的关系一直很紧张，这种情况一直持续到我告诉他们，即便没有他们的证词，施虐者也已经对一切供认不讳。我鼓起勇气告诉他们，自己不想再从事出版工作了，没想到我得到的回应是支持和友善的。他们说，虽然不清楚发生了什么，但很高兴我争取到了正义。我不想继续现在的工作，他们感到难过，但希望我快乐就好。我以为事情就这样结束了，我终于能够给这段时间画上句号，开始向前看。

　　父亲节很快就到了，我感觉跟父母的关系又有了好转，于是给爸爸寄了一张卡片。我完全没有其他的意思——为什么会有呢？这只是友好的表态罢了。

　　后来，我回到家，发现了一封写给我的信，我认出了爸爸的笔迹。虽然他平时经常给我写信，但那一刻，我的血液如同凝固了一般，我有预感这不会是好消息。我盯着信封看的时候，戴夫就在我旁边。当我用颤抖的声音告诉他信是谁寄来的时，为了让我安心，他轻轻握住了我的胳膊。

　　我用颤抖的手打开了信，注意力一下子被信的开头夺走了。

　　"你不知道伤害有多深，它一直不停地……"

　　果然，我的直觉是对的。我快速地扫了几行字，很快就明白了这封信的要点。

我一遍又一遍地读这些字，没有任何感觉；我完全麻木了，一瞬间感觉自己没读懂这些字的含义。

当我真正读懂后，胸口上似有千斤重担，压得我喘不过气来。我把信递给戴夫让他看的时候，浑身发抖。

信里要求我正式道歉，我只给爸爸寄了父亲节贺卡，没有在母亲节的时候给妈妈寄贺卡，这伤害了他们的感情。爸爸还质疑我对性虐待者的指控案是否证据确凿，他和妈妈"不知道当时可能发生了什么"，所以当警方要求他们提供证词时，他们无法"人云亦云"。为什么我没有在警察涉入之前就和他们讨论这件事？这样他们就不会措手不及，这样对他们来说一切都说得通了。这位警官——我不认识他——就这样在他们的结婚周年纪念日出现在家门口，惹得他们非常不开心。

他告诉我，施虐者的老伴来造访过我们家。她毫无保留地信任老公，并把自己的孙子孙女托付给他。显然，将他逐出家门，再也看不到孙子孙女的做法深深地伤了他（我的施虐者）的心。所以当然是警察威胁了我的施虐者——一个"弱不禁风，可能还有阿尔茨海默病"的老男人，难道他请不起律师，也没有其他形式的法律援助为自己辩护？

爸爸写道，妈妈"二十来岁就开始研究心理学"，她怀疑我在童年时经历过精神崩溃，最伤人的是，她居然怀疑性虐待对我情感上造成的创伤不大。她说"受到过性虐待的女生总是对异性怀有戒心"。我交往第一个男朋友、第二个男朋友、30岁的男朋友时年龄分别多大？这种言论对于我这样一个受到过性虐待的女孩真的合理吗？

信的结尾是这样的：他们爱我，但我们需要当面解决所有问题，面对面地表达情感，这是唯一能够解决问题的方式。否则的话，我也不必白费心思了。

这简直太糟了。

我无法厘清自己的思绪，只能哭笑不得。

我的指尖变得麻木，胸口也仿佛压了块石头。

戴夫读了信，想要给我个拥抱，但我只想一个人静静。我坐在马桶上啜泣得喘不上气，戴夫在厕所外说着鼓励安慰我的话。

我几乎彻夜无眠，在厕所里抽泣了许久后，我依偎在戴夫身上，内心无比空虚。那些话在我脑子里挥之不去，我发疯似的绞尽脑汁想去弄明白那些话的意思，但同时我心里也明白，那些话绝对没有什么善意。

戴夫和我一直在原地打转，既没能安慰到我，也没能厘清我的困惑。我觉得自己无法处理情绪，也无法治愈自己的内心，我唯一能做的就是发泄情绪。沮丧与烦躁包裹着我，让我感到恶心与心力交瘁。

我无法接受他们那封令人憎恶的信中的那些可怕言语，我立刻明白了自己不应该给他们回信。

就算要回，我应该从哪儿写起好呢？那么多的严厉指控和荒谬言论，我应该先说哪个好呢？

如果现在就给他们回信的话，我很可能会这么写：

亲爱的爸爸妈妈：

我知道这件事情我也有错，也许我应该告诉你们，我当时是准备去报警的。而且说实话，我一开始就不想把你们牵扯进来，按照我以往的行事风格，这件事情你们根本不会知道。

你在信中提到我时用了那么多严酷和冰冷的字眼，但在谈论施虐者时处处留情。"刺伤了他的心"——这句话你用了不止一次。

然后你们又开始说自己遭受的痛苦，说你们遭受了"巨大的打击"，说我的行为会让你们作为父母"颜面无光"，说你们被残忍地剥夺了"周年纪念"的权利。为什么你们就不能看到，这一切对我有多不容易呢？你们到底把我排在第几位？你们不仅只在乎自己的感受，而且似乎同情那个对我进行过性虐待的男人！

你还支持他老伴的说法——她"非常聪明"——这是为了故意抹黑我吗？

虽然我跟你们说过的话就跟耳旁风一样，但大家心知肚明，这不仅仅是言语不当。即使这只是一次不恰当的言论——我当时只是个孩子啊！这是不可接受的。

之前也有一封同样令人发指的邮件，在信中你们好像在替他说话，声称我看上去比实际年龄成熟得多。我当时才8岁——你真的是在暗示我在他眼里就像个成年人吗？

再来谈谈那些你们所谓不存在的性暴力"迹象"，好吗？

用你们的话说，我小时候有过一次精神崩溃。我想这很正常，是不是？我的强迫症出现，是因为健康快乐的孩子都会得这个病，对吗？

我从来没有因为那件事责备过你们。你们不可能第一时间就发现，但你们知道了之后，就立刻采取了适当行动，把我保护起来，不让他伤害我，谢谢你们。

可为什么你们现在要这样伤害我呢？

你说，我和男孩子在一起的时候"很自在"？

既然你是心理学专家，那请你解释一下为什么我做不到亲吻第一个男朋友。至于我那个30岁的男朋友——我当时18岁，但我想你应该会说，对于一个十几岁的孩子来说，这是一个健康、正常的选择？

我们都知道，我没有勇气当面质问你们，那么我们之间就到此为止吧。你们对我毫无同情心，我不得不选择自尊自爱，不让自己陷入继续被你们伤害的境地。

我的生活将继续，身边会有爱我和支持我的人。但是几年后，在错过了你们所有的生日和重要里程碑之后，你们会后悔失去了这段关系吗？我相信我可以振作起来，继续前进，找到属于自己的地方，一路高歌猛进，但是你们又会如何？

我为你们感到难过，真的。但是你们知道吗？我终于做了我很久以前就该做的事。所以，再见了，爸爸妈妈；再见了，你们给我带来的所有伤害，我不会再让你们令我自我怀疑。

梅尔

第二天早上，我联系了我的心理咨询师，要求尽快预约一个疗程。因为预约后不能马上开始治疗，而且我正在极度的悲伤之中缓不过来，我和我的全科医生预约了当天晚些时候会面。

我考虑了很久要不要进行药物治疗，多亏了我的父母，促使我下定了决心。我想我真的应该感谢他们，不然天知道我会何时向医生寻求帮助（甚至有可能不会）。在经历了这些事情之后——与外界隔绝、孤独无助、失去亲人、重温童年的性虐待，没想到来自父母的一封简单的信，成了压垮骆驼的最后一根稻草。

我走进医生的办公室，坐在冰冷的塑料椅上，放声大哭。医生非常和善，他很有耐心，没有催我，总是让我放心，劝我不用难堪。

老实说，我不太记得跟他说了什么。我号啕大哭起来，说我一直在挣扎，再也不能应付了。我一直非常不愿意服药（不是因为感到羞愧，而是因为害怕副作用，对药物产生依赖性），但在那一刻，我不知道还有什么其他方法可以把自己从这个暗无天际的黑洞中解脱出来。

我记得当时感觉自己快要失控了，而这一次真的是无药可救。我过去常常跟朋友开玩笑说我想"放弃生活"，我并不是完全在开玩笑，我看不到隧道尽头的任何一丝曙光，我又回到了心理咨询刚开始时的低谷。这封愚蠢的信怎么可能让我一落千丈，退回到原点？

我需要帮助，我很绝望。

医生给我开了最低剂量的舍曲林，这是一种选择性5-羟色胺再摄取抑制剂（SSRI）。但在那段黯淡无光的日子里，重燃我希望的不是那些小药片，而是医生说的四个简单的字。

"你会好的。"

他声音中的那份善良和真诚，还有在向我保证会没事时斩钉截铁的语气，让我心中充满了一种以前从未感受到的东西：希望。

第十六章

舍曲林之梦

从那天开始我服用药物了。医生给我打了预防针，说服药前三天会是最难受的，我可以在沙发上铺个羽绒被窝休息。他还提醒我，这种药物的一个常见副作用是胃部不适。对我这样的恐呕症患者，这确实是个大问题。不过我现在只要能稍微舒服一点儿，哪怕是冒着会恶心呕吐的风险也要试试。

开始的几天感觉很奇怪。这种感觉难以言表，感觉肌肉很沉重，头轻飘飘的，就像是放慢动作看着周围的环境。我所有的感官变得迟钝，懒洋洋地躺在沙发上，感觉整个人麻木了。

几天后，戴夫和我正在吃晚饭，我放了点儿西蓝花到嘴里后，立刻意识到不能再吃了。我感到一阵恶心袭来，这就好比你往嘴里塞了一大堆垃圾食品后，你的身体会告诉你吃得太饱了不舒服。

但是我没吃饱——我只吃了几口——就很快意识到自己没法避免服用舍曲林带来的恶心感。我的脖子后面开始冒汗，焦虑感在不断上升，冰冷的恐惧感笼罩着我的内心。接下来的几天里，我几乎没有吃东西，我讨厌自己变得如此虚弱。

我应该这么做吗？服用药物是我迈出的巨大一步，而且我也知道不能急。我是不是太迫切地想要从痛苦中解脱出来，所以都没有仔细考虑过这件事？当时做决定前，医生花了整整半个小时，跟我讨论了所有可能的结果，解答了我的许多问题。然而，就在那一瞬间，我记不起讨论过的任何事情了。

因此，在我吃了第一板药片后不到一周，就和医生进行了电话会谈，我问他如果我现在停下来会怎么样。停用抗抑郁药时你必须小心（永远记住要在你的全科医生的指导下进行），虽然我觉得自己在服用最低剂量（实际上，这个时候只吃了一半药片，所以最小剂量也没到），不到一周就意味着不会有任何问题，但我心里还是没底，不敢自己停药。真正的原因是，我想知道自己还有什么其他选择。

他向我保证，我可以完全不用顾虑就停药，然后再过一段时间重新开始。我决定停下来，现在不是时候。我需要把事情想清楚，等我平静下来，不再那么情绪化后，我希望和我的全科医生面对面地谈一谈。

接下来的几周里，药物治疗的想法被搁置了，我说服自己打消了这个念头。我真的不知道自己会有排斥心理，我从来没有感到羞耻——我想我更担心会变成另一个人，或者经历什么可怕的副作用。

我跟戴夫，还有他的朋友们就这件事谈了很多次，每次谈完后，我都会把自己想说的话整理成一个正式的计划，然后去见他。我把自己要问的问题都问了，他又一次十分耐心地解释了一切，让我放宽心。当我为第一次会谈时的语无伦次道歉时，他非常友好地告诉我，完全没关系。我还从他的笔记中看到，他形容我"有点儿心烦意乱"，他人真的是太好了。

通过一项名叫"健康之路"的服务项目，他把我安排进了认知行为治疗的等待名单。他觉得在接下来的治疗阶段中，多一个选择余地也算是好事，对此我也表示同意。我的第一位心理咨询师帮了我很大的忙，解决了当时许多非常困难的事。但现在我觉得，自己认真工作，另请他人帮助我解决现有的问题也不失为好选择。

我非常感谢我的全科医生，感谢他的善良和积极，还有他实事求是的态度。他会告诉我，事情一开始可能会很糟糕，但我会好起来的。他从来没有觉得我愚蠢幼稚，虽然每次会谈的时间都远远超过了标准的10分钟，但他从没觉得我在浪费他的时间。我会永远记得这些标志着我人生转折的会谈。

向医生敞开心扉的经历让我感觉非常积极，于是我写了一篇博客文章，分享了如何最大限度地利用你的心理会谈的小建议（这是基于我在英国的经历），希望借助我的故事来鼓励那些有需要的人，让他们也能敞开心扉。

如何与你的医生谈论心理健康问题

第一次与医生讨论你的心理健康状况可能让人望而生畏，但你真的不必担心。这里是我个人的一些小贴士，让你在充分利用心理会谈的同时也能照顾自己的感受。

1. 如果你觉得自己需要的时间超过10分钟，那就预约双倍时间。我原本不知道能这么做，但幸运的是，我的医生花了整整半个小时陪我！

2. 不要羞于哭泣。医生不会认为你很傻，他们不会评判你，而且这样的场面他们肯定不是第一次见！记住，医生本质上应该是有爱心的人，他们只想帮助你。

3. 要诚实。和医生说话时，你不需要美化你的感受。如果你告诉他们事实，有助于他们对你的治疗做出更好的决定。

4. 随身携带笔记本。特别是当你感到不知所措或心烦意乱时，你很容易把事情搞糊涂或把该提及的事忘记了。和你身边的人一起做笔记（只有当你感觉舒服的时候）也是一个好主意，因为他们可以帮助你组织思路，提供外部的视角。要尽可能清楚地了解自己的感受，你已经有这种感觉多久了，以及它对你的日常生活产生了什么影响。例如，它是否会让你离不开家，或者影响你照顾自己？

5. 确保在了解你的治疗计划后再离开。如果开了处方药，还需要问问医生下一次什么时候再来。他们可能会要求定期地（至少在一开始是这样）回访，因为要确保药物和剂量都适量。要对时间安排有个大致概念，你甚至可以当场预约下一次心理会谈（如果可以的话）。

6. 把该问的问题都问了。不要感到内疚，这不是什么麻烦事，因为这就是医生工作的目的，他们最终目的就是要让你安心。你要大致了解下医生估计的服药时间，还要知道任何可能产生的副作用，这点很有用。询问是否有任何禁忌——酒精、其他药物、天然补品等。

7. 要是你符合本条特殊情况，那你平常在看的医生可能不适合你，但没关系。如果你没有感受到倾听、支持或理解，不要被吓倒。你的感觉是正确的，所以请不要开始怀疑这一点。你需要做的是预约一个其他的医生，寻求你应得的照顾。你的全科医生应该是让你信任并且感觉舒服的，这点很重要。因为你可能会经常见到他们，至少在一开始是这样。

8. 你很可能会被问到一些非常直接、令人不舒服的问题。他们可能会问你是否有过自杀的感觉，或者你是否认为你有伤害自己的风险，会谈氛围可能不会轻松愉快。重要的是要记住，这些都是例行公事的问题，医生问这些问题时会把你的最大利益放在心上，他们不是来评判你的。要从容不迫地回答，请记住，当问题涉及你的感受时，永远不会有错误的答案。无论你说什么，都有助于医生为你决定最好的治疗方法。

9. 记住，医生能做的不仅仅是给你开药。在英国，全科医生可以推荐你到当地的心理健康服务机构寻求咨询，甚至可以就饮食和改变生活方式提供建议，这可能会对你有所帮助。和他进行讨论，综合考量一下你的选择，你会发现绝对大有帮助。有时候医生也会问你很多生活上的问题（如家庭、工作、朋友等），他希望能更加了解你可能面临的其他难题，也想知道你生活背后的状况。

10. 善待自己。在会谈后留出一部分空闲时间去做一些会让你开心的事情。你可以犒劳一下自己，喝杯热巧克力，看最喜欢的电视节目，或者舒舒服服地洗个澡。

11. 最后，也是最重要的一点，永远不要羞于寻求帮助，这一点我必须重点强调。需要帮助绝不会让你变得软弱，没有价值或成为累赘。

你很棒，你可以的。

医生说得没错，在服用药片大约三周后，我的感觉大有不同，我开始感觉好多了。

　　要讲清楚舍曲林是如何具体帮助我的，最简单的解释就是：它给我的焦虑感设置了上限。如果我感觉自己要失控了，或者陷入强迫症的循环中，吃个药就会切断这一切，就像在火势失控之前把毯子扔到火上一样。

　　它让我头脑更清楚，让我回到理性模式，而不是像之前那样只对大脑中不讲逻辑的部分言听计从。

　　这不是说只吃药就能治病了，我坚定地认为，认知行为疗法和舍曲林对我的帮助是相辅相成的。治疗改变了我的心态，使我的心理状况更好；剩下的就都是药物的功劳。

　　在服药那段时间里，我和最好的一个朋友相约。我们像以前一样有说有笑，度过了一个愉快的夜晚。道别的时候，她紧紧地拥抱了我，在我耳边低声说，"感觉你又变回了以前的梅尔。"她是对的，每天我都能感觉在慢慢变回自己，我很开心别人也能看到这一点。

　　在这段时间里，我意识到自己比想象的要强大得多，我也希望每个读到这篇文章的人都能意识到这一点。

　　在与抑郁或焦虑做斗争时，你很容易会对自己产生软弱或一文不值的看法，不是这样的。当最简单的任务都像攀爬陡坡那么困难时，每一天都是一场战斗，只有真正的勇士才能不断前进。

同样地，不要觉得承认自己在挣扎是一件难以启齿的事。医生告诉我，寻求帮助恰恰证明了我很坚强。在我感到彻底崩溃的时候，是他让我感到坚强，我对他的感激之情难以用言语表达。

我觉得表扬一下自己也很重要。所以，我要对自己说：

谢谢你想过要放弃但没有放弃；谢谢你相信幸福是存在的，值得拼尽一切为之奋斗；谢谢你走出去，寻求你应得的帮助；谢谢你认识到正确的道路并非畅通无阻；也谢谢你不管怎样都有勇气去走这条路。

对周围支持我们的人表达谢意很容易，但有时我们也需要明白，自己才是付出艰苦努力的人。

现在，请花点儿时间感谢自己，回顾一下你的成就——不管多小都行。

最美极客：
一个强迫症患者的自我救赎之路

第十七章

一刀两断

我非常确信自己和父母的关系已经结束了，只是不知道该如何是好。虽然我内心很想寄出自己写的那封信，但我知道它不会有什么好结果。

　　我和一位朋友聊过这件事，他告诉我，只要把信给他们寄回，并附上一张便条，明确表示他们永远不要再联系我就行了。

　　这应该是最正确的做法了。它没有给任何人留下不明确的信息，更重要的是，我再也不会受到他们给我带来的伤害。

　　我把那封信带到了心理咨询会谈上，给我的心理咨询师看。她大声朗读这些话时，我可以看到她脸上又惊讶又困惑的表情。我告诉她自己打算怎么回复，她希望我考虑一下其他的选择。

　　我们一致认为，我的选择有：

　　1. 照我父母说的做，要么打电话给他们，要么亲自拜访他们。

　　2. 安排一次团体心理咨询，希望能解决问题。

　　3. 切断联系。

　　我知道自己没有勇气去看他们，也做不到面对面与妈妈交谈。团体心理咨询的建议差点没把我逗笑，我是不可能这样安排的。如果要安排，我希望能有我的心理咨询师在场，但这样根本无法具体安排。我可以确定，爸爸妈妈无论如何都不会接受这个想法。我都可以猜到妈妈会问，为什么需要请一个"江湖医生"

来解决我们的问题?

　　我的心理咨询师帮我抛弃了个人感情因素,让我能做出一个合情合理而不冲动的决定。经过长时间的详细讨论,我们终于达成了原计划。我向心理咨询师解释,从逻辑上讲,团体心理咨询是行不通的,我仔细地进行了分析,要是当面看到他们会让我感到多么不安全,这会导致我不管是在身体上还是在情感上都无法与他们有进一步的互动。

　　她告诉我,她希望我能够在以后回头看的时候,知道自己仔细考虑了所有的选择,这样就不会后悔所做的决定。离开她的办公室时,我知道自己不会后悔的,我做了正确的决定。

　　回到家后,我拿了一张便利贴,在上面写上"永远不要再联系我",并在"永远"下面画了两条线(一条似乎还不够)。我把它贴在寄给他们的信上,拿到邮局,递给柜台后面的人。

　　"里面有什么贵重物品吗?"她问我。

　　"没有,完全不重要。"我回答。她大概完全不知道我这句话的意义吧。

　　我花了很长时间才明白性虐待者对我造成的伤害无比严重,但我的父母对我的伤害竟然比这个还要深,这对我完全是意外的打击。法庭审理已经结束,正义得到了伸张,我得到了我想要的了结。我唯一能感受到的痛苦，就是源于他们对待我的方式。背叛的隐痛永远挥之不去，如同火焰的余烬，残余的火星还会时不时点燃，燃起的火苗炙烤着我的五脏六腑。

起火点可能是他们又错过了一个生日，也可能只是毫无逻辑的思维产物。我想要从他们的行动中找到一些逻辑，却一遍又一遍地原地打转，没有任何进展。同一件事我要想很多遍，这样既让人沮丧又毫无意义，让我痛苦至极。

我心里也很矛盾。一方面我很感谢他们尊重我的意愿，再也不联系我；但另一方面，他们没有为我去争取，这让我很伤心。让我去找他们赔礼道歉似乎是不公平的，还是说，他们一直把我当成这整件事中的坏人。

每当双方都做错事时，总是我要付出额外努力，给他们道歉。

"你们是家长啊！"我只想朝着他们吼这一句，提醒他们不管感受如何，难道做父母的义务不是要心胸宽大吗？我真不明白他们怎么会对我这么没有同情心，他们真的就这么看低我，以至于会相信我要把一个无辜的人送进监狱吗？我为什么要这么做？来弥补我的无聊？

即使是现在，我仍然时常做噩梦，梦里我对他们大喊大叫，乞求他们听一下我的想法。他们朝我大吼，并继续攻击我。在梦里我感到十分焦虑，我觉得没有人倾听我的声音，我觉得自己一无是处。有时我梦见自己回到家乡，在商店里看到我的父母，我试着躲开他们（躲法十分蹩脚，就像躲在窗帘后露出双脚搞外遇一样），但他们还是不可避免地看到了我。当他们喊我的名字时，脸上还是一样的表情，一脸的震惊和困惑。有时候梦里的梅尔会与他们交谈，其他时候的她会以令人沮丧的慢动作方式逃跑，这种方式只会在梦中发生（或者偶尔一顿大餐吃饱后也会这样）。

我醒来后很想知道他们是什么感觉。他们有遗憾吗？他们有没有梦到过我，梦到他们希望对我说的话？他们有没有感到悔恨呢？我想不会。我很愿意相信他们已经意识到了错误，也略微知道自己给我带来的伤害，但我对此表示怀疑。

还有一些零零星星的事情让我始终放不下，一想到就会悲伤难过。

我想念我们家的猫，我给它起了个很有想象力的名字：逗包。一想到再也见不到它了，我就很难过。它是只非常黏人的大猫，喜欢我抱它，还爱舔我的胳膊。

我有一些属于我父母的物品——爸爸的手表、一张旧照片和妈妈的结婚戒指——我不知道该怎么处置。我担心，如果把它们送回去，会再次开启一场对话，这不是我想要的，我不希望他们误以为是我借机要再去伤害他们。我曾经短暂考虑过把东西卖了，然后把钱捐给当地的妇女性暴力协会，或者类似的服务机构，这样能帮助那些曾经是性侵犯受害者的人。但感觉这样也不妥，所以现在，这些东西都装在一个信封里，放在我车里的杂物箱里。等到我什么时候能鼓起勇气，再去处理它们的下落。

在和父母断绝关系之前，我在玛莎百货买了一瓶非常不错的杜松子酒，想着妈妈会很喜欢这瓶酒，可我没有把酒送给她。现在每次看到它孤零零地放在架子上，内心就很难过。正是这些愚蠢、琐碎的小事，总是在我最意想不到的时候，带给我一阵阵悲伤难过。

每次结识新的朋友，别人问起我的家庭，回答就变得很困难。亲朋好友问起我父母过得怎么样，我也不知道怎么回答。我试着含糊其词，但不知道为什么，我觉得做不到对他们坦诚相待。我心里会有点儿担心，怕在他们眼里变成一个坏人。每次我告诉别人自己和父母没有关系时，都会感到一丝羞愧，就怕他们会看不起我，觉得我才是那个坏人。听上去像是我的错，不是吗？

我知道，之后可能会有某些场合，我会和爸爸一起参加家庭

聚会。一想到这件事我就喘不过气来，不过我想，船到桥头自然
直嘛！我还天真地幻想着，要是能跟他谈话，我就能找到合适的
言辞来消除所有的伤害。但现实情况是，我无话可说，我可能只
会站在那里，让足够的空气灌入我的肺部，防止自己晕倒。

　　我想，这种伤痛还会时不时地出现在我身上。但随着时间推
移，我相信这样的伤痛次数会越来越少，直到最后，只是偶尔几
次的耳语提醒。

与心理咨询师道别

　　我知道跟路易莎的道别会十分艰难。其实好几次在心理会谈上，我只有在情绪十分激动的情况下才能谈论事情的发生时间和原因。这几个月来，我都会去找她，倾吐我内心深处最阴暗的恐惧，发泄我所有的情感，希望从她那里获得力量和慧见。我们建立起了如此独特而又强大的关系。

　　久而久之，我发现经过这么多次的治疗会谈，她教会了我如何安慰自己，我也能从自己那里汲取力量，厘清思路了。

　　我仍然很期待见到她，我会想念她平静的声音和充满热情的办公室，我希望和她的最后一次会谈能完美无缺。而配合我，帮我实现我所需要的事情，正是她所擅长的。那一天，我一改往常的素面朝天化了妆，我穿了一件漂亮的连衣裙，一路上听着开心的歌。我感觉非常情绪化，不过是开心的那种，我想描述它最好的词应该是悲喜交加。

　　我告诉她，如果她能简单地回顾一下我们一起做过的事情，我会很开心，因为这样就感觉我们在一起回忆往事。

　　"我们一起走过了非同寻常的心路历程。"她告诉我。

　　我们还聊了聊我的新工作，讲了所有我期待的事情。我给了她一张卡片，上面写了一句心里话，表达了我对她深深的感激之情。会谈之前，她提醒我她的眼睛"可能会进沙子"，在读卡片的时候，她的眼睛果然"进沙子"了，这让我觉得非常感动而又可爱。直到现在，一想到这件事，我就觉得心里很温暖。

　　在会谈结束时，她告诉我，我很勇敢，她会经常想起我。除了业务关系之外，我并不幻想着我们之间还能有其他任何形式的联系，但我相信（现在仍然相信）她真的很在乎我。

　　我得承认，即使是现在，我还是很想她。

第十九章

"梅"申克的救赎

离开出版业是一个艰难的决定，但路易莎让我明白，我不应该继续从事一份让我不开心的工作。我记得在一次会谈结束后，我像往常那样驾车经过了海滩。那天天气很好，我把音乐开得很响。艾维奇的歌响起了，这是一首关于要活得令自己难忘的歌。我的内心能感受到无与伦比的喜悦和希望，我在掌控自己的人生，在为自己而活，这种感觉很棒。我拥有了目标和方向，我想找到一个更富创造力的职位，能更好地利用我对写作和社交媒体的热爱，我对未来充满了希望。

重回职场之路比我想象的要难得多，找工作变得异常艰难。第一次面试一塌糊涂，我坐在座位上一直发抖。我一度感觉喉咙好像有异物堵住了一样，不得不强行忍住自己的眼泪。毫无疑问，我没有通过面试。

我还参加了其他几次面试，有很多次都差一点儿就成功了。我感觉自己就像大学毕业时一样——迷失、绝望，觉得再也找不到自己喜欢的工作了。

然后我遇见了凯莉，她是当地一家招聘中介的负责人，专门负责数字营销人员的就业。我和她约在一家星巴克见了面，她问了一些面试常提问的问题。

她的问题并不难，但不知道为什么，我总是会被难倒。我觉得自己没有什么可展示的，于是她很快意识到，我的问题在于没有自信心。

她告诉我，我太妄自菲薄了，并从我的简历中挑选了一些我应该引以为豪的部分，她甚至还给我挑了一些她觉得适合我的工作岗位。每次我说自己在某个领域没有经验时，她就会在我的简历上找到证明来反驳我的说法。

我总是喜欢贬低自己，把自己有缺陷的地方放大。这听起来可能很明显，但当她告诉我要专注于自己的长处时，我有种茅塞顿开的感觉。

她给我的信心让我悬着的心落了地，让我觉得找工作就像在公园里散步一样容易。

在那次见面后不久，我参加了一家新创业公司的面试。与之前的面试不同，这次我感到轻松自如，信心满满。我调整了自己的节奏，专注于自己的长处，还莫名其妙地编造了一个彻头彻尾的谎言，说我所有的空闲时间都是在海滩上度过的。这种异乎寻常的尝试除了让我听上去显得更有趣外，也让我感觉面试一切顺利。

我又参加了二面，几个小时后，我就接到了凯莉的电话，说那家公司决定录用我。我当时正在阿斯达的贺卡专区中间，我挂

断了电话，整个人还沉浸在喜悦之中。我成功了，我找到了一份市场营销的工作。有人给了我机会，我为自己争取到了一份完美的社交媒体高管工作。

重返社会，每天要朝九晚五地与现实生活中的人在一个办公室工作，一想到这个情景我就望而却步。但我百分百地确信，这样做是正确的。

对我来说，要开始一份新的工作，重新回到这个世界，感觉就像重演了一回《肖申克的救赎》。虽然几个月的求职过程进程缓慢，但我确确实实挖出了一条通道，逃离了为自己建造的可悲小监狱。然而，就如同电影里那样，外面的世界让我感觉难以接近。我的监狱也是我的舒适区，我的安全毯，一个我可以按照自己节奏做事的小世界。

做活动策划那会儿，我非常自信，也很有风度。我与客户开会，主持团队简报会，并前往全国各地的其他酒店参加培训课程。在当时，这些事情都没有超出我的舒适区。当然，我偶尔会因为工作量大，还要满足客户的各种要求，感到有点儿力不从心。但我了解我的工作，并且非常擅长。我会加倍努力地工作，特别是为了新娘，我会待到很晚，确保我知道她们想要什么，并在她们方便的时间进行会面，甚至会和新娘团一起出去逛街，聊聊八卦。我真的很喜欢我所做的事情，真的关心我的每一对情侣。

我会帮忙把新娘（以及她们长长的蕾丝婚纱和塔夫绸）送进他们的婚车里，亲自开车去当地的啤酒厂拿新郎最喜欢喝的啤酒，带家人去他们的房间，尽我所能让他们感到贴心的照料。很少有别人质疑我的时候，我感觉在这个岗位上自己如鱼得水。

现在我要从头开始做起，做一些我以前从未做过的事情，感觉几乎是不可能的事。当别人问我以前有没有做过营销工作时，不管我的回答是写过博客，还是"相当擅长社交媒体"，都让我觉得分量不够格。

办公室的装饰非常鲜艳，看上去充满活力，里面到处都是有趣的人，还有一条狗。这是一个我以前从未体验过的工作环境，从完全与世隔绝到如此五彩缤纷的现实世界，我的感官一时有点儿难以承受。

上班的第一天，是各种自我介绍和认识新同事的一天，这是我这么久以来第一次和如此多新朋友互相交流。回到家时，我感到情绪低落，仔细反思着一整天跟人讲了哪些话，担心自己的言谈举止是不是看起来很奇怪。

我不理解的事情已经有很多了，有时候我一天好几次都会忍不住想哭。要是我做不好这个工作呢？我没有任何与营销相关的资质履历（除了我在A级商科学习中学到的"营销组合"的知识），我的新老板很快就会发现，我唯一的相关经历就是经常刷推特了。听着就不是很厉害，对吧？

几周的时间过去了，我开始适应新的生活节奏，但依然震惊于对很多普通的事情（过去我不假思索每天都会做的事情，比如给人打电话，或者开团队会议）突然觉得很重大。每次有人问我一个问题，我不确定该怎么回答，就会感到一阵恐慌袭来。每次遇上小小的挫折或者复杂的情况都会让我十分焦虑，继而开始哭泣。工作让我筋疲力尽，一天结束后，我总是想把自己藏起来，安静独处的时间变得很重要。戴夫在这方面做得很好，他给了我很多空间，让我能在回家后做我需要做的事情——减压。

我真的沮丧至极。这不是我，以前的我很自信，不怕跟人交谈，为什么我变成了过去的一副空壳？

我非常感谢我的经理（萨姆），因为很早之前，我就非常坦率地告诉了他我的精神状况。我向他敞开心扉，告诉他我和父母关系破裂的这几个月过得很艰难。我说，我动不动就会十分焦虑，不知所措，而且对自己没有太大的信心。

他非常善解人意，而且观察力很敏锐。他能看得出我很挣扎，会让我出去呼吸新鲜空气或者喝杯咖啡；他会质疑我，给我建设性的反馈，赞扬我出色的工作，我的自信心得到了增强。午餐的时候，我们会聊各种各样的话题。我发现，跟他聊起我的精神健康状况，就像人们聊到他们头疼或喉咙痛一样随意。

当然，所有的工作场合都应该如此。但我明白，并不是每个人都像我这样幸运。

我很快就发现，我比我原来想的更需要萨姆的支持。当时的我以为一切都过去了——警察的电话，整个可怕的法庭案件——最后一次卷土重来，把我的世界搅得天翻地覆。

第二十章

陌生的号码

假如你跟警察或者儿童保护机构扯上了任何关系，那么来自未知号码的电话就有了全新的意义。

之前碰上陌生号码，我会选择忽略不接，或者当作垃圾号码处理。我很快就发现，来自警察、儿童保护机构或者证人关怀组织的电话总是会显示成未知号码或者干脆不显示电话号码。

直到现在，要是有"未知号码"在我的手机屏幕上亮起时，我仍然会有一丝恐惧，我还会回想起自己偷偷离开，在没有人听得到的地方经历了一段痛苦的对话。

有一天在工作的时候，我就接到一个这样的电话。我正在开会，这时我的手机开始振动。当我看到这四个字时，我立刻感到紧张不安。在接下来的会议中，我的腿一直在紧张地抖动，脑子里只想着这通电话是哪里的。

原来是证人关怀中心的一位可爱的女士打来的电话，她想知道我的情况怎么样了，并提前告诉我一些到达法庭后的事项。

等等，什么？

我不上法庭，我告诉她。既然他认罪了，他们就不需要我出庭了。我想，这件案子就能轻松结案了。

"哦，"她说，"也许是沟通有误，但据我所知，你必须露面。"

"我不明白。他认罪了。"我重复道，感觉到一阵撕心裂肺般的疼痛。

"我想你最好和警察谈谈你的案子，看看到底发生了什么事。"

我浑身都在发抖，挂了电话，然后拨给了警官。他漫不经心地告诉我，案件发生了离奇的转变，我的施虐者改为拒不认罪。

但是他已经承认了一切——这怎么可能呢？

警官告诉我，他也是第一次碰到这样的情况。他怀疑认罪只是当时在情急之下，遭受巨大打击后的惊慌之举。但他没有解释为什么之前未告知我这件事，我很生气自己通过这样的方式才得知情况，他似乎全然不知这件事的新发展会对我造成多大的影响。

所以，这不是个误会。我确实需要出庭，我不知道该再怎么形容这种感觉。药物治疗确实帮助我恢复了健康，我终于开始了一份我真正喜欢的工作。暗无天日的一年已经过去了，我感觉自己很快就要重新找回美好的感觉，我也慢慢地找回了原来的自己。

但现在，这件可怕的事情又出现了，天知道它还要困扰我几个月。我想专注于我的工作，让生活重回正轨，但现在我的脑海里又一次潜伏着不确定和焦虑。

我回到办公桌前，感到震惊和麻木。我茫然地盯了一会儿屏幕，努力忍住不哭。萨姆俯身对我和蔼地微笑着，然后朝着门口轻轻地点了点头，说，"走吧，一分钟时间。"在那一刻，有一个如此善解人意的人照顾着我，真是让我感激不尽。我只是点点头作为回应，不想引起人们对我的额外关注，也不想让办公室里的其他两个人看出我有什么不对劲的地方。

我在路上散着步，从科斯塔那里买了一杯热巧克力（在我困难的时候，咖啡店成了我首选的快乐之地），并在路上给戴夫打了个电话。我费劲地想要喘口气，他帮助我平静了下来，并向我保证我们一起解决这件事。

于是等待游戏开始了。只有日子快到了我才能得知开庭日期，换句话说就是，我不知道会发生什么。我获得了旁听一个法庭案件的机会，能看看流程是什么样子的，但我对此并不感兴趣。我以前代表大学参加过各种法庭案件的审理，所以已经熟悉这方面的流程了。我真正想做的是和代表我的出庭律师谈谈，问问他关于案件的具体问题。于是就有了"特别措施"会议，我要去位于霍夫的儿童保护机构办公室。

整个过程中另一件令人沮丧的事是，因为大多数的性侵犯行为发生在我的家乡，整个调查都由苏塞克斯警方负责。我不得不来回奔波，这平添了很多压力和额外费用，对我来说有点儿不公平。更让人不满的是，庭审可能在三个刑事法院中的任何一个进行，直到开庭前几天我才能知道是哪一个。

　　所有的这些不确定性和额外的压力让我付出了代价，我又去看了医生。不幸的是，我之前的家庭医生离开了诊所。当我听到这个消息时，我感到异常的难过。我一天中的大部分时间都在毫无节制地哭，很多朋友都开始担心我对他的依恋是不是有点儿病态。

　　我想他们没有错。因为他是我第一个敞开心扉的对象，我告诉了他太多太多事情。性暴力、我的父母、所有的一切。我非常信任他，因为他让我感觉十分安心，我实在无法想象在没有他的情况下，自己如何开始服用抗抑郁药的漫长旅程。

　　幸运的是，我的第二个医生也真的很好，但他不是很会安慰人。离开他的办公室时，我没有感到安心，反而被各种疑虑占据着头脑。

　　当我向他解释说，由于法庭案件的拖延，我出现了焦虑的症状时，他关切地看着我，问道："你真的认为你会没事吗？你能挺过去吗？"

　　他提问的语气很亲和，而且这个问题很聪明，因为它能让我说出心里话，但却阻止不了我的脑海中始终回荡着这些话。在那一刻，我拼命地想得到一种保证，说我会没事的。可他却带着一种担忧的神情看着我，似乎不相信我说的话。

我告诉他，有些日子我希望自己能消失，他问我有没有想过这么做。第一次被问到是否想自杀时，我退缩了，我被这个问题吓了一跳，也惊讶于这种直截了当的表达方式。但这次我没有退缩，因为这是一次很放松的聊天。

我很疑惑，不知道自己是怎么走到这一步的。不知从何时起，在医生办公室里谈论自杀变成了一个普通的周三早晨话题？

因为压力，我越来越依赖安全行为以安抚自己，于是他增加了我的舍曲林剂量，他还给我开了治疗焦虑症的 β 受体阻滞剂（普萘洛尔）。我并不太担心服用的问题，因为这种药物就是那种"需要时它就上场"的类型。医生开这类药很随意，他告诉我，有人会吃这种药来应付工作上的重要演讲活动。随身带着这些药对我来说是个不错的安全保障。

关于 β 受体阻滞剂的问题，我的医生告诉我："我不能改变你的整个世界，但我可以在一些小方面提供帮助。"

我已经准备好进行几次高强度的认知行为疗法，把治疗重点放在强迫症和恐惧症方面。回顾我和路易莎的心理会谈，我发现自己最需要的是情感上的支持。我知道困难的日子在前头，所以需要有人来教我如何应对。

这一次的感觉更具临床意义，而且更有针对性。有了完全不同的心态，我对于见到新的心理咨询师充满期待。我感觉整个心理疗程更有条理了，我知道自己很可能只会得到标准的12次会谈，所以就没有时间转移到其他问题上了。

与安娜进行第一次治疗时，因为心里有了底，所以感觉更坚强。她会深入探究我的强迫行为，逼着我走出自己的舒适区，这是我第一次治疗没有做到的，但这一次，我觉得自己做好了准备，下定决心要彻底跨过这个坎。

她的房间感觉更像是全科医生的办公室，而不像是一个让人放松的空间，这对我很有帮助。我喜欢她，她很友好但也公事公办。不过，不知道为什么，她一开始的几个问题让我毫无防备，虽然我知道她早晚会问。

当她问到"你有没有被性侵过"这个问题，我突然哽咽了。

可能是因为问题的表达方式非常模糊，它并没有具体说明性暴力的类型。

"我——我想是的，我——我——不知道，"我结结巴巴地说道，感觉自己很没有底气。

我经历了这么多，跟完全陌生的人也谈论过好几次这个话题，怎么会又在这个问题上翻车呢？

　　最后，我还是让自己冷静下来，告诉了她事情的经过。我解释了法庭案件的情况，跟她说我最近才得知自己要出庭这事，我告诉她我很害怕，我还简单地谈到了我与父母关系的破裂。我想，要是能告诉她事情的来龙去脉，让她更好地理解我焦虑的原因，她就能更好地帮助我。

第二十一章

2017年

2017年是我的博客真正开始腾飞的一年。我除了得到写这本书的绝佳机会之外，也开始在网上获得更多的曝光率，感觉自己成了一个名副其实、有模有样的博主，我也被邀请吃了好几次免费比萨。如果这都不算梦想成真，我不知道怎样才算是。

那一年，我也收到了一份有点儿不同寻常的生日礼物——在终极的暴露疗法之下，我呕吐了。

有一段时间，呕吐让我感觉难以想象的可怕，一想到呕吐这件事，我就会崩溃。

在我生日的第二天，消化系统开始跟我算账了。

从周末开始，我就感觉有点儿不舒服，但我想着可能是因为过度放纵，也或许是感冒的前兆，就没有特别留意。周一晚上下班后，我们都感觉很累，就点了一份比萨。我只吃了几块（这完全不像我），于是，我又一次把没有胃口的原因归结于身体太累。几个小时后，我告诉戴夫，我感觉很不舒服，想躺下。只要我一动不动，我就感觉正常，但只要稍微转一下头，我就会有点儿恶心。我以为是吃下去的比萨没消化，于是去了洗手间，就在那时，恶心感变得更加真实，呕吐感越来越强烈。

那种刻骨铭心、熟悉的恐惧感淹没了我，我喊着让戴夫给我拿一个碗。他一直安慰着我，说我不会吐的，但我知道这一次无法避免。

我回顾着身体的感觉，同时专注于冰凉的玻璃贴在我指尖上的感觉，我知道自己的胃马上要紧缩，然后食道会猛烈收缩，把胃里的东西挤压出来。

"要吐了。"我闭上眼睛对戴夫喊道。在那一刻，我感受到身体在接纳，而不是恐惧。我在呕吐的时候，身体接受了一切，做出了它该有的反应，我感到很欣慰，我尽力呼吸着。呕吐完后，我松了一口气，虚弱地笑着。恶心感烟消云散，我立刻感觉好多了。

来自我胃里的那碗东西很难闻，一想到还要处理掉它，我的心情就很不好，我小心翼翼地把它倒进马桶。随着肾上腺素的消退，我还在轻微颤抖着。之后，我刷了牙、洗了澡，然后就上床睡觉。尽管清理工作令人不快，但有了呕吐容器真的很有帮助。

我这才明白，我的焦虑是因为害怕对着马桶呕吐。我害怕溅起的水花，也不喜欢头离马桶这么近。事实证明，要是能舒舒服服地坐着，有一个干净的碗供我呕吐，情况就截然不同了。

对我来说，这算是一次巨大的胜利，事后我都不敢相信自己感觉良好。我马上想到了给路易莎发短信，虽然我已经不在她那里做心理咨询，但我知道她会明白这件事情对我的重大意义。我给她发了这条信息，她迅速回复了我，说她真的为我感到高兴，我心中的自豪感顿时油然而生。（这算是标志性的成就，可能是时候制作一些"庆祝呕吐"的卡片了。我只是想说——这肯定有市场。）

就这样一切都变了，我意识到自己有了长足的进步。我非常高效地完成了清理工作，而且在意识到可能再次呕吐时，也保持了冷静（第二天早上确实呕吐了）。我第一次能保持如此冷静，这让我有了信心能够继续保持下去。事实上，第二次呕吐的感觉平淡无奇，感觉就像身体的正常机能。

工作上，一切都很顺利。我爱我的同事，喜欢超酷的谷歌风格办公室。我已经安顿了下来，每天早上都盼着去上班。

在与安娜的心理会谈中，我的主要关注点是强迫症、恐呕症，以及如何卸掉我的安全行为。

我跟她一起定下了很多大目标，其中之一就是不要觉得自己被外界世界所污染。我希望下班后回到家，不会想着必须马上洗澡。

她让我走进屋子里，把我"污染的"脚放在沙发上，或者格外留意我在地毯上走的每一步，真的是怕什么来什么。

就像跟第一个心理咨询师那样，我感觉自己撞了墙，十分灰心丧气。我会听着她建议我在家做的练习，一边点头，一边心知肚明自己不可能做这些事情。认知行为疗法就是鼓励你去做让你感到焦虑的事情，强迫你走出舒适区，这样你就可以直面那些感觉。到了这时候，我想我已经厌倦了。我不得不吃力地去做大多数人头也不抬就能做的正常事情。大多数日子里，我感觉坚持自己的安全行为变得更容易。

我希望她能像念咒一样，然后好似打通了我的任督二脉，让我的脑子能像正常人一样运转。

话虽如此，我觉得我从心理治疗中还是学到了很多。最后一次离开她办公室的时候，我仍然感到非常自豪。

我们的告别没有过多的情绪表达，就在我离开之前，她对我说："你做到了。这并不容易，但你做到了。"

她的话让我感觉无比的自豪。我这么多年来失去的自信，终于又回来了。

我是可以恢复正常的，我希望能证明这一点。

到了五月，生活又出其不意地开始刁难我。老板把我带进了会议室，他告诉我——我不能继续在公司工作。他说他很喜欢我，认为我很擅长自己的工作，只是没能让公司的社交媒体维持在应有的水平。我麻木地听着，试图理解他的话，心里不敢相信这是真的。我非常激动，泪流满面地恳求着他，不愿接受他告诉我的话。这实在太突然了，我感觉自己的肚子被狠狠地打了一拳。第二天，我整整哭了一天，感到非常难过。两天后，我回到办公室，上最后一天班。我收拾好办公桌，剩下的时间一直在强忍泪水。

我的同事们都很贴心，他们给了我一张卡片，给了我很多拥抱，有人在午餐时间请我喝咖啡，还有人下班后请我喝酒。离开的时候，我知道自己交了一些很棒的朋友。我以前从来没有在我真正喜欢的地方工作过，老实说丢掉工作的痛苦就像分手一样。从公司的社交媒体账户中删除我的管理员身份，感觉就像把我的关系状态改回了单身。当我在办公室里看到老同事的帖子时，我仍然感到一丝悲伤。之后的几周真的是完全自暴自弃，为了安慰自己，我吃了很多垃圾食品和棒棒糖，体重开始疯涨。

我想，某种程度上这也算是塞翁失马，焉知非福。开庭日期定在了6月份，我还挺感激，因为我不必担心请假的问题，也不用假装一切正常还继续工作。

大约在那个时候，我的一位朋友发帖说，她有一只小猫，需要找一个好的家。我们本打算等有了房子再说，但当我去看它时，一见到它那张调皮的小脸，立马爱上了它。几天后，我开始兴奋地囤积小猫用品，准备把我们可爱的小马蒂（调皮的时候就是坏马蒂，它大部分时间都很调皮）接回家。它让我们心中充满了爱，我们的生活充满了欢乐，还有好几次，家里到处都是它的便便。养宠物可能会带来不必要的麻烦、噪声，同时会有很多未知因素。但有了小马蒂，这一切都是值的。马蒂越长越大，它让我想起了逗包，它们不管是长相还是古怪的行为举止，都真的很像。

第二十二章

庭　审

6月26日星期一早上，第一件事就是去霍夫刑事法庭。我们的旅馆住宿已经安排好了，可我想回家——尽管这可能意味着要走很长一段路，但我并不介意，我不想离开小马蒂，也不想因为要找人给它喂食而操心。那天我们很早就出发了，踏上了驶往霍夫的两个小时的旅程。我感觉十分紧张不安，旅途中的大部分时间都在自言自语，试图分散注意力。压力大的时候，我真的会受困于强迫症。我发现自己会经常重复一句话，寻求额外的安慰。我重复的句子可能会根据当时发生的事情或我的感受而有所不同，但在这种情况下，我重复的是积极肯定的话，比如"一切都会好起来的"和"我会处理好的"。我不停地重复这些话，好像有什么魔力能让它们成真一样。有时戴夫的语气会有点悲观，他可能不会像我想的那样感同身受，那我就再试一次，这样真的很累。如果是之前的戴夫可能会沮丧，但在这一天，他对我的安慰堪称完美，让我能保持相对的平静。

一到法院，我们就被安排在一间陌生的房间，虽然很舒适，但还是能感受到刻意营造的氛围。我们坐在褪色的沙发上，尽可能地打发着时间。从这个时候开始，我们觉得有点被遗忘了。我们留在那里等待，一名工作人员会偶尔向我们告知最新的情况，但他好像并不知道具体的情况。戴夫去找自动售货机，其中一名工作人员给他打开了一扇门后就走了，留下他被困在走廊里。我感觉胸口紧绷，胃也在颤动，但还是在犹豫要不要吃普萘洛尔。我也不知道为什么，但我非常肯定，这一天恰好证明了我的医生给我开这个药是对的。

随后，我们被换到了一个更小的房间，用来视频连线。房里只有几把椅子、一块屏幕和一台照相机。我们还是在等待，我坐立不安，思绪无法平静下来，最后还是吃了药。十一点半左右，我们得知明天才需要我们到场，我既失望又沮丧，差点哭了出来。为了出庭，我已经做好了准备，服用了普萘洛尔来保持镇静，我脑海里设定的画面是，在今天之后，一切就都结束了。但摆在眼前的是漫长的驾车回家之路，而且明天还要再重复所有的事情。我身上的肾上腺素很快就消退了，整个人都筋疲力尽。

我们决定在这次苦涩的旅程中找点乐趣，于是找到了一家不错的餐厅吃午饭，然后回了家，在沙发上依偎着度过了剩下的半天。

星期二，第二次出发。在经过了上一次演习后，我们就像一台上满油的机器，运行得毫无阻碍。我们在同一个加油站停了下来，戴夫还记得我前一天早餐选的是什么，就给我买了一瓶水和一个草莓麦片棒。

这一次我们很清楚流程了，于是把车开进了法院，轻松通过了安检，来到了等候室。值班人员好像比前一天更加热情，她和我们待在一起，了解了一下我们的情况，也回答了我们的问题。

这一次我毫不犹豫地服用了普萘洛尔，这个药真的很有帮助。这一次，我们能时不时得知时间安排，比起之前被留在一个收不到任何消息的房间里，现在就没有那么令人沮丧。

然而，时间越拖越晚，到了下午，我开始担心起来。法庭引座员回来告诉我们，他们有可能时间不够了，我们明天可能还得再来。这已经是第二次了，我觉得我都要沮丧地哭了。虽然我知道发展成这样肯定是事出有因，但每天都要经历这样的事情，这感觉太不公平了。

到了最后，时间刚刚好。有人引导我穿过了错综复杂的走廊，来到法庭。我坐在小隔间里，跟施虐者隔开。除了几名陪审团成员外，我看不见任何人。

我想因为刚刚进入了生存模式，很难记清楚具体的经过。但我清楚地记得，辩护律师问了我很多跟案子完全不相干的普通问题。

我不断提醒自己，他的职责就是要诋毁我的证词。一想到这件事，我的内心就吓得直哆嗦。

他宣读了我小时候写给施虐者的几封信，作为呈堂证据。这几封信的口吻都很友好，充满了爱心。每封信里都说到，我很期待他的下一次来访。当我意识到他读信的意图时，我的心突然一沉。他想要证明我很享受和施虐者在一起，而且也没有表现出害怕他的迹象。

听着他重读我8岁时写的话，我感觉很不真实。在某一刻，他分辨不出我的笔迹，等他结结巴巴地读出这个词时，我的施虐者突然开始说话，解释说这个词是"分享"。再次听到他的声音，我不寒而栗。我没想到会听到他的声音，我不知道他还说了什么，只记得法官告诉他肃静。我感觉就像有人站在我这边，我对此心存感激。

这位大律师吹毛求疵地分析了每次来访的每一个细节，还问了我一些奇怪的问题，目的是让我的回忆看起来不那么可靠。最后，在我把对事件的看法告诉他后，他突然来了这招：

"我要指出，你刚才说的一切都是胡说八道。"

糟了。在这之前，一直都感觉他的问题是例行公事，有来有回，几乎平淡无奇。我想这就是重点所在——这样一来，他的突然指控就会打我个措手不及，让我失去平衡。

差点就被他得逞了，但接下来发生的事情让我感到无比的自豪。

我深吸了一口气，虽然内心很愤怒和震惊，但成功保持了镇静。我心平气和地告诉他，这是事实，我说的是实话。他朝我扔来的每一个球，我都一脸平静地挥棒击中。到现在我也不知道我这股勇气和沉着是哪里来的，但我真为自己感到骄傲！

接下来继续鸡蛋里挑骨头，他试图从我对事件的描述中找出漏洞。

我们谈到施虐者抓住我胸部的话题，令我完全不敢相信的是，辩方承认确实发生了触摸，只是对我后来描述的细节进行了反驳。

我坐在那里，瞠目结舌，听着一个戴着假发，接受过良好教育的男人说，一个成年人触摸孩子的乳房是可以接受的？

这是在开玩笑吗？他真的在耍我吗？

还好法官自始至终都在给我安慰的眼神，她完全不接受这样的胡说八道。她要求辩方律师解释清楚他们是不是承认发生了触摸。

"是的，"大律师回答，并再次补充说没有挤压。

一种欣喜若狂的感觉涌上心头。我们刚刚赢了吗？陪审团的一名成员引起了我的注意，他还回了我一个微笑。

在这之后就轮到检方律师了。他问了一些简单的问题，帮我解释了陈述中的一些细节。

　　然后——一切都结束了。我想我在法庭上待了很久（至少戴夫是这么说的），但对我来说感觉只是几秒钟而已。我被带出法庭时，简直不敢相信这样就结束了。庭警对我说了些话，我只是机械地回答，根本无法专注，脑子里一直重复着一句话——我做到了，我做到了。

| 第二十三章 |

裁　决

当法庭裁决结果出来，罪名全部成立的时候，我们没有一人感到惊讶。

我很生气的是他改为不认罪，让我无缘无故地经历了这一切。但实际上，我也很高兴，让他能在法庭上听到我的声音，听到我如此坚强、坚定和自信。我为自己感到无比自豪。

宣判日期定了，我打算开车去那里。我不想焦急地看着我的手机来等待法官的裁决，我想要在正式宣判的现场。

刚好那一周我有了一份新工作，我本来要做一家牙科营销机构的文案，但还是想办法请了一天假。之前下岗风波让我的信心遭受打击，但没过多久，我就重新站稳了脚跟。我参加了几次不同营销职位的面试，还做了几份自由职业者的工作，几个月后就得到了这个职位。我有了一些工作经验，而且情绪状况有所好转，因此在面试中表现得很自信——我的求职经历比去年这个时候好了一百万倍。

我的新岗位要求是要与客户密切联系，为他们创建新的营销材料和网站副本。

再一次要面对客户，我感到既紧张又很兴奋。我知道我可以运用在招待服务工作中学到的一些技能，然而，我第一天工作醒来时感觉很难受，接着在卧室里吐得到处都是（顺便说一句，我非常冷静！）。

　　我知道第一天上班打电话请病假不是好事，但我别无选择。我还非常肯定，我的新同事肯定不会喜欢我吐得满桌子都是。我可以看出我的新老板不太高兴，因为公司给我准备了重要的欢迎会。他说，这跟预期的不一样，但"天有不测风云"。

　　因此，为了和我的新老板相处得不那么糟糕，我放弃了为最后宣判而请假的想法。

　　宣告判决的电话是在周五下午三点左右打来的。一个礼拜以来我的身边都是几乎没有说过话的新朋友，这让我感觉非常孤独。我坐在一张远离所有人的临时办公桌旁，等着我的办公桌准备好。午餐时间快到了，没有人邀请我加入他们。我太害羞了，不敢强行挤入，只好自己一个人吃。这里跟我刚离开的那个充满活力、乐于交际的办公室氛围大不相同，我感到有点灰心丧气。新公司看起来像是小圈子，我的直觉告诉我，我不适合这里。

　　我的施虐者被判了缓刑，这意味着要坐牢，但要在两年之后才执行。在此期间，他无法获得保释。不过，如果他坚持守法，就根本不会坐牢。

　　按道理，此时的我应该感到很生气，或者十分的泄气。但我的心情很平静，没有任何感觉。他被判有罪，这才是最重要的。

他与家人的关系可能也因此破裂，他被迫在性犯罪者登记册上签名，我想这已经够公正了。因为他，我和父母的关系被毁了，几个月的生活变成了一场噩梦，我被迫坐在法庭上，还有一个可怕的、外表虚伪的男人告诉我，他觉得我是个骗子。如果施虐者的家人不再信任他，如果他的家人中哪怕只有一个人不敢正视他的眼睛，他就能体会到我感受到的一小部分痛苦。这对我来说就是正义。

我对法院体系的体验感到十分差劲——无论是不通情达理的警官，我们在法庭上浪费的第一天的混乱经历，还是警察和证人之间的沟通问题——但总的来说，我还是得到了我想要的东西。

对于给我录下最初口供的那个警官，我想给她点赞。她很善良，富有同情心，甚至还坚持要知道我的审判结果。

一切都结束后，我不敢相信这是真的。我还没从与父母断绝关系的余波中缓过神来，我总是在做噩梦，时不时地会因为过去的事感到悲痛不已——但在司法系统的角度上，我就只是一个完结的个案。我收到了一封非常正式的信，感谢我对这个案子的帮助以及担当目击证人的身份（这个词又来了！）。我一遍又一遍地读着这些话，平日里的火气又上来了。我简直怒不可遏，这漫不经心的语气（"谢谢你帮了司法体系一个大忙，干杯"），还暗含着另一层意思——我并不完全是整个案子的中心人物。

因为这件事，我失去了父母，在精神健康问题上苦苦挣扎，为了应对苦难，接受了心理咨询和药物治疗。怎么突然之间我就只是一个目击证人了？

我不仅目睹了这些事情，我还亲身经历了。

当他慢慢地把手伸向我的上衣时，怎么会有人说我体会不到那种痛苦的感觉，意识不到自己被困在身体里呢？当他强迫我亲吻他时，我是多么希望自己能跳出身体，去其他任何地方都行。

从逻辑上讲，我知道这是他们能找到的最合适的词。我之前就提过，"受害者"这个词显得非常刺耳。我认为语言的力量很强大，除了你自己，没有人有权利给你贴上受害者的标签。"幸存者"，虽然通常用来指遭受性暴力的人，但显然跟儿童保护机构使用的那种华丽的、正能量的词不搭边。所以只剩下了最后一个选择——目击证人。

这封信很普通，没有打感情牌。这段漫长而艰难的过程让我经历了巨大的情感剧变，付出了个人牺牲，但这封信从头到尾都没有表示同情和理解，我感觉就像是被打了一记耳光。

在这么多年之后终于做出的这个决定，并非草率之举。做决定需要很多的支持和保证，我可以肯定，如果没有我的心理咨询师的指导，我永远不会这样做。

　　我的目的从来都不在于惩罚别人。想到一个老人坐在监狱里的画面，我得不到任何满足感。我认为他很可悲，是个值得同情的人。认识他的每个人心中都埋下了怀疑的种子，人们在让他接近自己的孩子之前会三思，这对我来说已经足够了。在我看来，正义得到了伸张，一切终于结束了。

第二十四章

一只大鸡

随着时间的推移，我还没有适应我的新工作。新职位的各方面我都很喜欢（没想到我写牙齿的文案十分得心应手），但正如我所预料的那样，我还是没有和团队打成一片。

　　不过这份工作确实给了我一样东西——小马蒂多了一个毛茸茸的可爱小弟弟。我的一位同事要送一只小猫，而我们一直在考虑给小马蒂找个玩伴。小马蒂是一只可爱、顽皮且又亲人的小猫。每次我们工作的时候，就要把它单独留在家里，这样总感觉不太好。当我们回到家时，它总是精力充沛，要是能有个玩伴，那它一定会很开心。

　　我们第一次把小李子带回家的时候，日子非常不好过。它们经常打架，前几周不得不分开。我们知道猫是非常有领地意识的，小马蒂需要一点儿时间来适应，但它们只要待在一起，就克制不住要咬对方，朝对方发出嘶嘶声。

　　我开始担心自己是不是犯了错，但听从了兽医的建议，让它们慢慢地互相认识了解。最后它们习惯了彼此，现在的它们在一起可有爱了。它们会依偎在一起，互相照看，互相洗澡。小李子身体不舒服的时候，小马蒂坐在床底下，紧紧地抱着小弟弟。要是它们两个中任何一个去看了兽医，我们回来的时候，另一个就会跑到便携式猫笼那里，隔着栏杆闻一闻，看对方是否还好。

没过多久，我就找到了另一份工作。纯属偶然，我发现了一份似乎非常适合我的岗位正在招聘。那天晚上我就申请了职位，很快得到了第一次面试机会。我知道，这么快就递交辞职信，会让人觉得我就是个彻头彻尾的混蛋。但这样做总比留在一份不适合我的工作更有道理。我是一个非常"相信直觉"的人，我对这个职位越了解，就越想要得到它。

但有点失望的是，我觉得第一次面试搞砸了。当面试官要求给出可行的社交媒体活动策划时，我支支吾吾说不出话来。面试结束后，我感到非常心灰意冷，差点就哭了出来。

下定决心要自我救赎后，我在第二次面试时下足了功夫。当他们问到我如何看待第一次面试时，我告诉他们我很失望，因为我没有给出更好的回答，要是他们同意，我想让他们看看我制定的活动策略。我把活动方案文件递给他们，并讲述我的想法时，感觉又回到了自己的主场。之后，我和未来的新同事待了一会。当我发现跟他们的谈话很放松自如，各种想法都能互相交流分享时，我知道自己成功了。

虽然我的开头不是很理想（我走进公司时，才意识到把衬衫穿反了，不得不快速跑去厕所整理一下自己，才开始面试！），

最美极客：
一个强迫症患者的自我救赎之路

但当我走出这扇门的那一刻，我已经胜利了。我刚刚接受了我人生中最难得的一次面试，我知道他们会聘用我的。

这份工作跟我的第一份社交媒体工作非常相似，当我发现又回到了自己的舒适区时，我明白自己做出了正确的选择。在新工作中，我没过多久就展现了自己异于常人的地方，但这一次，我自毁形象的速度比预想得要快一点儿。

有一次Skype⊖群聊中，我们在讨论团队晚上去哪里玩。我很快就体会到了在最不应该的地方按错回车键的下场：

"我喜欢大鸡——"

一阵惊恐的沉默过去了，紧接着所有人同时爆发出笑声。

"——尾酒"我弱弱地打完字，好像这个局面还能挽回似的。

那一刻我羞愧得恨不得钻到地下。原来他们跟我是同类人。从那时起，我们在相互尊重、幽默感相同、偶尔来些不伤人的嘲讽的基础上，建立起了牢固的友谊。

当你加入一个合作默契的团队时，就好像有一种特殊的魔力一般，我们就是这样一个团队。我们会进行思想的激烈碰撞，逗对方开怀大笑。我很幸运，在职业生涯中能够再次体验到创意进

⊖　一款即时通信软件。

188

发激情所带来的喜悦。没有什么比拥有"灵光一现"时刻,感觉你的想法顺理成章更让人心满意足了。

我在上班的时候,接到一个电话,告诉我正式拿下了这本书的合同。我把这个好消息第一时间告诉了我的"了不起团队"。虽然之后我换了工作,但我知道,自己认识了一些值得深交的朋友。

第二十五章

孩　子

最美极客：
一个强迫症患者的自我救赎之路

你可能在想，恐呕症对我生孩子会有什么影响。

其实，我曾经严重怀疑自己生不了孩子，原因主要有两个：

1. 我的恐惧症。

尽管我的恐呕症现在好多了，但一想到有可能持续九个月的恶心和呕吐，我不能假装一点儿都不害怕，光这个想法就把我吓得血液都要凝固了。不仅如此，我完全不能接受自己要受身体的摆布，而且无法阻止它会剧烈变化的事实。

但我说的"恐惧症"可能不止一种，对吗？

就像我的强迫症和恐呕症互相依赖那样，我的恐呕症和另外一种恐惧症存在着共生关系，而且有很多共同点：生育恐惧症。生育恐惧症就是一种分娩恐惧症。

对于恐惧症的全部内容，我不会再花大篇幅讲。我很清楚，可能所有的女性都或多或少地害怕生孩子。据说这是一个人所能经历的最大痛苦，谁会不怕呢？

但我对生孩子的厌恶远不止于此。如果我在电视上看到一个女人分娩，甚至只是一张女人假装分娩的素材图片，我就会感到强烈的恐惧和反感。

我曾经试着看《忙碌的产房》（可能是出于病态的好奇心，也有可能是暴露疗法的要求），我只看到一张女人的脸在痛苦中

扭曲、肿胀而怪异，像动物一样咕噜咕噜地叫着，被难以承受的痛苦所蹂躏。对我来说，这一切似乎都是那么原始，我真的接受不了一旦分娩，就任由我的身体摆布的事实。

我开始痴迷于阅读现实生活中的分娩故事，就像人们喜欢阅读恐怖小说一样——不敢一直读下去，但就是忍不住想去看。

读完后我就会想，我绝对不可能熬得过去。

2. 我曾经认为自己不会是一个好妈妈。

我父母给我的负担太重了。当我们家乡的房价上涨时，因为我不想搬走，妈妈就责怪我"把他们永远困在那里"。现在回头看，我的父母从来没有真正愿意让我融入他们的生活方式，他们恨我"拖他们后腿"。确实，他们也"想尽办法"让我明白了这一点。

一直过了很久，我才终于相信我们能成为好父母。我们最好的朋友生下他们漂亮的孩子迪伦时，我爱上了他们的小宝宝。从那以后，我很喜欢当梅尔阿姨，看着他不断长大，变成了令人惊叹的小家伙。我喜欢给他买礼物，做一些傻事，就是为了看他露出没牙齿的可爱笑容。当他躺在我身上入睡时，他胖乎乎的婴儿手臂搂着我，轻轻的鼾声弄得我颈背痒痒的，感觉心都要融化了。

看着戴夫是多么喜欢跟他共度时光，发出嘘声逗他笑，抱着他，给他唱搞笑的歌曲，我想，为人父母肯定会是一段快乐的时光。

当然，做父母不会轻松，我也有点害怕。可我还是要很兴奋地宣布，我们目前正在考虑要不要孩子。随着越来越多的朋友都有了孩子（再加上背后有一个关爱我们、支持我们的小圈子），我想我们不会孤单。

我想到我们这个小家庭，想到过去几年见证了我们是多么坚强和幸福的一对夫妻，我对即将一起踏上的旅程充满了期待和兴奋。

第二十六章

如何挺过
极度尴尬

我经常说自己有时会觉得交流很困难。我非常敏感，有时候也对自己过于严格。我也说过自己要融入现实世界有多难，社交互动经常让我感到筋疲力尽。但我已经走出来了，也学到了一些道理。我学会了当你觉得待在半山腰做隐士更舒服的时候，该如何应对社交活动。

以下是我告诉自己的一些事情：

犯错误在所难免。

生活不是照本宣科。有时我们把话说错了，或者不小心打断了对方，那绝对没问题。你可以开个小玩笑，如果你打断了别人的话就道歉，但别担心，人非圣贤，孰能无过。

不能总是由你来打破沉默。

如果你要主持一个晚宴，那么显而易见，你要做的就是不让话题中止。但我说的更多的是工作中的尴尬情况——你懂的那种。无论你是想在洗保鲜盒的人旁边泡壶茶，还是和你的老板在电梯里默默地站着，你要记住，打破沉默不是你的义务。提醒自己，他们也什么都没说，所以如果他们喜欢安静，你也可以。

我们都一样。

上周末在派对上遇到一个人，你吻了他的双颊，你会担心那个人是否会觉得你的行为很奇怪呢？很可能他正坐在家里，苦恼着为什么在离开时没有拥抱你，而只和你握了手。我们经常会做这样的反刍。我们之中，许多患有社交焦虑症的人晚上躺在床上睡不着，脑海中就会回放着这些瞬间。很可能他们正忙着担心自己给人留下了什么印象，而无暇考虑你的所作所为。

生活中的我们都在笨拙地拍打着翅膀，尴尬地发出尖叫声，所以不用担心。

你完全可以选择避开让你焦虑的事。

有时候，我发现自己会在大型聚会中不知所措，特别是在有很多我不认识的人的时候。当我难以承受时，就会找借口去洗手间，或者出去呼吸一下新鲜空气。没有人会因此觉得你没礼貌或者怪异，你可以对人坦诚相见。如果有人对你评头论足，只是因为你说自己需要静一静厘清思绪，那么坦白地说，你能找到更好的人和你共度时光！

其他有用的点子：

手里要拿着一杯酒。

在社交聚会中，我经常喜欢手里拿着一杯酒。不，这不是因为我是个酒鬼，酒杯里也不一定装的是酒。手上拿着东西（不是我的手机）就意味着我不需要拼命地打手势，边讲话边打手势会让我慌张。一只手拿着酒，意味着另一只手腾出来了。我会非常

最美极客：
一个强迫症患者的自我救赎之路

在意仪态，关注自己的手在干什么。我发现在聊天的时候能喝点东西真的很有帮助，喝的时候我也能调整节奏，防止嘴巴变干。要是我聊着聊着就没了思路，还能腾出几秒钟的时间来整理思绪。

不要怕嘲笑自己。

如果不小心说了什么傻话，我已经学会了开玩笑来缓解。我知道——说起来容易做起来难，而且肯定需要时间。但我真的发现，只要不把自己看得太严肃，欣然接受自己的荒谬，我在社交场合就变得轻松多了。

学会说不。

我尽量不在一周内计划太多的社交活动，因为我需要时间给自己充电。你不必接受所有的邀请——你的朋友们会理解的。利用能帮你把生活变得有条理的东西，不管是纸质日记还是手机日历，用它们来管理你的社交生活。提前计划不仅会让你感觉更有把握，而且定期地进行自我调理，也是避免过于疲惫的好办法。通过精挑细选，你会发现自己参加的社交活动会更加有趣。

不要怕尴尬而不去寻求帮助。

独自一人去大型聚会可能会让人害怕。如果那里有你认识的人，何不请他们出来在门口等你，这样你们就可以一起进去了。显然，这不是万全之策。但如果可以，不要因为不好意思就不去问。他们不会觉得你很傻，但要是他们就这样认为，我会争辩说，支持和理解你的大有人在，你可以和他们一起出去玩。

坦诚就好。

每个人都会有自己的雷区。凭什么你的需求就没有别人的重要呢？打个比方，如果你在拥挤的地方感到不安全，请告诉你爱的人。就像人们不会带素食主义者朋友去牛排餐厅一样，他们也不会带你去让你感到焦虑的地方。你的需求是最重要的，你的身边应该都是为你着想的人。

第二十七章

心理健康和信仰

在网上的心理健康社区里，我遇到了很多人，他们从对上帝的信仰中汲取力量。我自己也经常公开讲过，我没有这样的信仰。

从现实层面上来讲，我觉得我找到了合适的人来帮助我——我爱的人、我的全科医生和心理咨询师——但如果再多个精神指引也会对我有帮助吗？说实话，我不知道。

其实，没有信仰也曾经让我很困扰。我考虑过各种可能性，提出过问题，甚至祈祷能有上帝存在的迹象。但是随着年龄的增长，我接受了自己没有宗教信仰的事实。我仍然是一个好人，还是能贡献出自己的力量。

遇到戴夫后，宗教就变得相当重要了。戴夫一家人都是犹太人，而且非常虔诚。早些时候，我明确表示不会皈依宗教，但很乐意参加犹太人的节日，学习用希伯来语祝福，并将犹太习俗融入我们的婚礼。他们对我没有皈依基本没什么意见，但有时候还是会在意。

有时候因为没有信仰，我会非常紧张和不安。但有时，我的坦率反而让人震惊和失望。我以为自己会被别人认可，但其实是基于错误的印象，原来别人认为我是一个信奉基督教的好女孩。我不明白为什么有人会因为我不信上帝而改变对我的感觉，我还是那个用爱和同情对待身边人的人。

　　我把这些感受在心理会谈时一股脑都说了出来。我描述了自己是多么的沮丧，因为我不知道为什么，觉得自己因为缺乏宗教信仰而变得低人一等。通过心理咨询，我变得更加坚定自信了。我开始意识到虽然我的观点不同，但也是合理的。我变得更加直言不讳，不会因为意见不同就轻易放弃。

　　换成以前，我会变得很难过，一脸的灰头丧气，最后放弃，让谈话无疾而终。有时候我觉得没有办法让别人理解我的观点，就会变得不知所措。事后我会变得很气愤，爱你的人应该接受你，而我却没有被接纳的感觉。改变信仰是要改变我的很大一部分，他们甚至会说我太糊涂，说我"不能想象"自己会这么做。在某种程度上，他们对我的这种态度，以及不愿意去理解我的信仰，这让我想起我的父母就是用这种方式把他们的观点强加在我身上，我也体会过得不到倾听而十分沮丧的感觉。

　　但渐渐地，我明白了自己的感觉和其他人的感觉一样重要。我也意识到，如果不对自己开诚布公，就是在伤害自己。这么多年来，信仰问题给我带来了很多焦虑，我也不明白为什么。难道不应该根据我的行为和价值观，而不是我的信仰来评判我吗？

　　我想说的是：每个人都与众不同。我们每个人都有不同的成长经历，有不同的价值观和信仰。不管是什么信仰、性取向或任何其他因素，我们都值得爱和同情。我想要的只是一种归属感，但我的信仰却成了一块绊脚石。

在心理疾病康复的领域里，我听到有人建议将祈祷作为一种治疗方法选择。我当然理解信仰可以提供巨大的慰藉和指引，但我觉得用信仰代替医学专业人士的支持是十分危险的。你不会祈求上帝来帮你修复骨折的腿，那为什么觉得他可以修复破碎的心呢？永远不要觉得你的心理健康问题不值得看医生——它和你的身体健康一样重要。

第二十八章

长足的进步

　　现在来谈谈我达成的一些个人成就。提醒自己（特别是如果曾经感到沮丧），你曾取得的所有惊人的进步和达成的所有里程碑，无论在别人看来是多么微不足道，但这真的很重要。前方预警：本章将会出现大量引起不适的语句。要是你觉得不舒服，欢迎跳过这一章。我不会生气的，我保证。

　　我现在可以处理大便了，勉强算是吧。

　　我们公寓的入口在一条小路的尽头，我们亲切地给它起了个绰号，叫"便便巷"，原因也是相当明显。因为那条小巷，我曾经很害怕离家或回家。我会强制检查我的鞋子，确保我没有踩到任何东西。

　　在电影制作中有一种被称为"推拉变焦"的技术，即摄像机在推车上向后移动的同时镜头向前推进。就像在恐怖片中一样，摄像机往下对着令人毛骨悚然的走廊，并开始向前移动。不同点就是，有一种奇怪的效果让走廊看起来像是延伸了一样。

　　嗯，我会在早上离开家，朝着那条小巷一眼望过去，感觉自己就像是在狭长又吓人的恐怖电影中的走廊里。在现实中，仅仅几米的地方感觉有几里[⊖]长。

⊖　1里即500米。

我会像跳舞一样踮着脚尖，跨过或者跳过一些地方，这总是让我想起钻石大盗在激光网中穿行的样子。

但在这个过程中，我对便便的态度发生了变化，我觉得这一部分功劳要记在我们可爱的小恶棍马蒂头上。

我们很快就学到了关于猫的三件事：

1. 它们也许是出了名的爱干净的动物，但奇怪的是，小猫完全不在意身上沾满了自己的便便。

2. 马蒂外表确实很可爱，但别被它骗了——它要真的惹起事来，那真是无猫能敌。

3. "猫砂盆如厕训练"一点儿都不管用。有一次马蒂在楼底飞"翔"地过于放纵，弄得整个楼道人尽皆知。我很快就熟悉了每天拿着渍无踪地毯清洁剂，也熟悉了手里捧着温热的便便的那种美妙感觉。告诉你，那感觉真是太棒了！

这真是一条陡峭的学习曲线，我需要经常把自己推出舒适区。但回过头来看，这可能是我接受过的最好的暴露疗法。或者，至少是最可爱的。

一旦我了解并相信自己可以清除地毯上的粪便（加上床单、猫肉垫，有时还有我自己），突然之间，擦掉我鞋底上的一点儿粪便似乎就没有什么大不了。

几年前，戴夫脚上踩了一小团又老又干的粪便。不过，他的鞋子上真的什么都没有，换成大多数人都不会再去想了，但我完全歇斯底里地惊慌失措了。我喘不过气来，哭个不停，无法平息自己的思绪。我一瞬间就失控了，把自己都吓到了。我让戴夫把鞋子扔掉，并给了他详细具体的指示，教他如何打扫楼下走廊。事后，我不断地让他保证，一切都是干净的，没有"被污染"。当然，他做得很好。"别担心，"他向我保证，"反正我也快换鞋了。"我可以肯定，他并不理解我的过度反应，但还是对我很和善，非常有耐心。

在我状态最糟糕的时候，这是我最讨厌的事情之一：我不仅自己这样生活，而且还强迫戴夫跟着我一起。

最近的一次经历跟之前形成了鲜明的反差。戴夫告诉我，他在回家的路上踩到了粪便。他说，他是在门口脱下鞋子，然后穿过后花园把鞋擦干净的。我一直说，希望他坦诚地告诉我每次"屎"故，但要是他很紧张不敢告诉我，我也会完全理解的。

我正要继续问下去，习惯性地要回到之前拼命寻求保证的状态，但这时，理性的一面站了出来，说"不"。戴夫告诉我，他已经处理好了，我也相信了他。当我问他是否对我的反应如此平静感到惊讶时，他只是耸耸肩说，"不完全是。有了猫猫，你现在好多了。"我自豪地露出了微笑。

就是这样。我很惊讶，在短短几年的时间里，自己能有这么明显的进步。我终于学会了倾听大脑中理性的那一部分，能够从容应付，而不是像之前那样把小事放大成令人痛苦的磨难。变得更冷静、更有逻辑让我感觉很自由！这只是其中一个微小但又了不起的时刻，这些时刻都让我感觉又回到了一个"正常"的人。

如果你和我情况类似，虽然从卫生角度看，养宠物似乎是一个不可逾越的挑战，但请不要因此就望而却步。一开始会很艰难，但是很值得。

关于养猫，我能说的就是做好接收大量垃圾的准备，要准备一瓶强力地毯清洁剂，专门处理猫猫留下的烂摊子，跳蚤是不可避免的（讨厌至极），但如果你能一心一意对待你的宠物（和你的家），只要坚持不懈，你就会赢得这场战斗。

我省了一大笔买鞋子的钱。

我是不会跟你们透露自己迷上了周仰杰[⊖]。事实上，真相远没有那么迷人。

在我上班的路上（当然是从前面提到的便便巷开始），我会

⊖ 一个奢侈鞋子品牌。

检查几次鞋子，确保没有踩到什么东西。如果我发现哪怕有一丁点看起来像粪便的东西，我都会扔掉鞋子，穿上我一直随身携带的那双崭新的鞋子。

我感觉这样做很难受，因为我真的会当场脱下鞋子，把它们扔在人行道上（我不能碰它们，因为那样我的手就会"被污染"）。

好几次，有人会在我经常去的地方发现一双被遗弃的鞋子，然后问起我这件事。有一次，我的一位同事说，员工停车区里总有一双黑色芭蕾舞鞋。他说，看上去像是有人被赤脚抬走后留下的鞋。他捡了那双鞋，以防万一是我的。

"太奇怪了，"我试着轻松地笑了笑，然后撒谎告诉他这不是我的。

吉姆，如果你读到这里，你是对的。我只是太尴尬了不敢告诉你。

这只是双六英镑（约等于54元人民币）的阿斯达黑色高跟鞋，但我都不敢去想自己已经穿了多少双。如果算一下自己花的钱，我肯定会大吃一惊的。因为这个原因，我总是不愿意给自己买漂亮的鞋子，这就很难过了。现在，我有了几双可爱的鞋子，虽然我还是会留意脚下，在进屋之前总是检查我的鞋子，但我的心态更加地符合逻辑，那就是"一切都可以洗干净"。如果我踩到了什么东西，我现在知道可以静下心来处理它。比方说，我现在闻到鞋子上任何可疑的气味，就会相信我的判断。如果没有气味，那就不是狗屎。虽然偶尔会有一些奇怪的失误，但我能够再次享受穿上漂亮鞋子的乐趣了，因为我知道，如果发生什么事故，我已经准备好了，不就是清理干净嘛。

我能吃家禽了。

在家里烹饪鸡肉对我来说是一个很大的禁忌，我只有在非常罕见的情况下才会在餐馆吃。虽然有点紧张，但我还是让朋友们给我做，甚至还厚颜无耻地点了我偏爱的烤鸡翅。在那之后，我成了素食主义者（原因跟恐呕症无关），但我有了进步：我既能烹饪，也能吃香肠、对虾、打包好的三明治和许许多多我以前因为太紧张而不敢吃的食物。

我现在洗手的次数更少了。

我洗手的次数还是比普通人多，但比以前好了很多。对呕吐的正向体验让我对它有了全新的认知，虽然我还没有完全克服恐呕症——焦虑肯定还会时不时地冒出来——我知道自己已经呕吐了好几次，但我现在已经能娴熟地处理了，这让我对整个事情都放松了很多。当你不再那么害怕呕吐时，对安全行为的"需要"——比如过度洗手——也开始减少。恐呕症助手这个网站对我来说也是一个有用的资源，尤其是在我害怕胃病的时候，有了这个网站能让我安心。

我明白了诺如病毒只能通过哪些特定方式传播——也明白了我的一些安全行为实际上完全是在浪费时间——这真的改变了我的整个观点。我变得冷静多了，现在的我要屏蔽那些非理性的想法也变得容易多了。

第二十九章

汪汪汪，
切达奶酪快走开

认知行为疗法对我来说很困难——这一点我不会加以修饰。治疗中做很多练习的目的是触发焦虑，然后反抗并解决焦虑。我必须学会反抗自己的安全行为。尤其是在我渴望屈服的艰难日子里，我更加要学会反抗。很多时候，屈服于安全行为去洗一天里的第七个澡时，让我感觉是最轻松的选择。至少那样，我就不用忙着应付入侵大脑的那股肮脏和不安的感觉。但我知道这只是扬汤止沸，治标不治本——我的不理智想法。

到最后，为了避免强迫性洗澡，我尽可能地减少去厕所的次数。我不再喝水，所以经常头疼，身体疲劳，嘴唇干裂。

其实，我的康复之路要归功于许多因素——心理咨询、药物治疗，还有我生活上总体的改善。我有了一份充实的工作，有两只可爱的小猫和一个美丽的家，这些都给了我多年没有过的满足感和安全感。

康复之路很漫长也很艰难，但我站到了终点。我最好的朋友朱莉给我买了一条漂亮的蜂窝项链，庆祝我最后一次接受认知行为治疗。项链还附带了一张小卡片，上面写着"工作越努力，回报越甜蜜"。当我戴上它时，就会想起自己是经历了千回百转才到达今天的地步。

康复之路并非总是循序渐进的，这其中会迎来高峰，也会遭遇低谷。特别是我的强迫症，我发现它经常是属于"进一步，退十步"的情况。我刚戒掉一个安全行为，另一个就会像一棵又粗又丑的野草一样，从原地冒出来。我大脑中非理性的一面是个操控大师——它坑蒙拐骗、讨价还价、无不精通。跟不讲理的人讲道理，就如同对牛弹琴一样困难。

我在治疗期间遇到很多次瓶颈，其中一个任务是吃过期的食物。我和心理咨询师一起去购物，买了一整袋即将过期的打折商品。

我勉强吃了一点儿第二天就过期的芝士蛋糕，至于其他东西，我一点儿胃口都没有。

一次治疗中，我的心理咨询师试图解决我对不洗手接触食物的恐惧。

她指着桌上的一包切达干酪小饼干，问我是否喜欢。

"是的……"我小心翼翼地回答。

"我想让你从袋子里拿一块。"

我慢慢地打开袋子，小心翼翼地夹出一块饼干，尽可能地避免碰到手。

"你觉得现在可以吃那个吗？"

我拼命地摇头，好像要把脑袋都晃下来似的。

"好的，那么我想让你把它拿在手里一会儿，然后注意饼干停留在你皮肤上的感觉。"

　　于是我就这样，手里拿着一块切达干酪小饼干，好像举着圣杯一样，假装自己不是特别难受，还不知道要持续多久。

　　"你觉得你可以把它抹在脸上吗?"

　　现在，我正在慢慢地，用近乎诱人的姿势往脸上抹一块奶酪饼干。如果我说我不觉得自己像个智力障碍者，我自己都会笑的。

　　"靠近你的嘴巴……这就对了。你觉得能放在嘴唇上吗?"

　　我按她的要求做了几分钟，然后……

　　"现在你能把它放进嘴里吗?"

　　我可是正儿八经的淑女——你这个混蛋迷你饼干要想上三垒[○]，至少也得先请我吃顿饭吧。

　　就在那时，事情变得更奇怪了。我知道，不可思议对吧?

　　哦，是的，我的朋友们，事情就是如此。

　　我的心理咨询师打开袋子，拿出一块切达干酪小饼干。

　　接下来发生的一切，我是在惊恐的慢动作之下看到的:

　　她把饼干在鞋底擦了一下。

○　三垒: 表示恋爱的进展状况，即爱抚等非常亲密的接触。

这还不够，她把饼干放在地上踩了一脚。

她双手和双膝着地，把脸凑近饼干，然后……

把饼干舔了起来，真的是用舌头把饼干舔离地。

"1分到10分，你觉得刚刚有多恶心？"把地毯擦干净后，她这样问我。

我浑身在颤抖。全身上下的每个细胞都因为厌恶而咆哮着，我想大声尖叫，说自己的厌恶值已经满的溢出了。但不知何故，我只是紧张地笑了笑。

看着她做这些比用手指触摸食物更可怕的事情，我本应该从中获得新认知。但我对自己的任务的害怕并没有减少，反而感到不安、恶心，而且非常确信，自己再也不会吃切达干酪小饼干了。

那时候我只是觉得沮丧，因为暴露疗法没有起效。我没有对这个过程失去信心，但对自己失去了信心。在接下来的会谈中，我将注意力转移到其他问题上，一方面是因为这些问题更紧迫，同样也是因为，我打心底里不想继续一副失败者的模样。

暴露疗法对我的影响肯定比我想象得要大。因为仅仅几个月后，我就接受了一位同事送的糖果。当我没洗过的手伸进袋子里，把糖直接塞进嘴里时，一丝不安在心头划过，我深吸了一口气，不安很快就过去了，我有种大获全胜的感觉。

渐渐地，我的信心提升了。我在工作时能徒手吃食物，开始相信办公室对面三明治店卖的肉和对虾，也能吃打包的沙拉了。

店里的人特别好，总是能满足我不寻常的要求，比如把我的蛋糕放在有叉子的外卖盒里。坦白地说，这是因为我觉得直接用手碰很不舒服。

不过，最后我还是和大伙一样，把蛋糕放进纸袋里。就像谚语说的那样，鱼和熊掌不可兼得，但我既有蛋糕，也能用手拿着吃了！当然，我还是不会吃地板上捡起来的切达干酪小饼干，不过我想这是人之常情，对吧？

我发现，通过观察别人来引导自己做事情真的很有用。如果我看到别人无忧无虑地喝罐头饮料，或者狼吞虎咽地吃从三明治店买的鸡肉、培根和牛油果法棍，我会想，啊，不管了——他们都在这么做（而且绝对没问题），那么是什么阻止了我呢？所以，在一次办公室聚会上，我从冰箱里拿出一罐苹果酒，打开它，直接拿着罐头喝了起来，也不担心其他人的手是否碰过。也许看着别人都这样做，能够让我找到慰藉。我不知道为什么，但这对我真的很有帮助。

心理咨询教会了我很多东西。我对自己有了更多的了解，也形成了更好的应对之策。但我学会的最重要的道理是，你永远无法完全做好准备看一个成年女人像猫一样舔地板上的切达干酪小饼干。

我明白了告诉别人自己的需要并不代表自私；我明白了自己的观点、想法和信仰都很重要；我明白了碰上自己无法处理的情况，抽身而出是没问题的。我很重要。

一直以来，强迫症让我变得很擅长给自己的行为找借口——不只是对别人的行为，也有对自己的。

这就是我洗手的方式，保持干净又有什么错。

我按照特定的顺序说话又怎么样？又不会伤到任何人。

或者这本身就是最大的谎言，因为它让我感到痛苦。每次当仪式性行为结束的时候，我所有的惊慌和挫折感就神奇地烟消云散了，这些时刻就变成了转折点，或者像我之前说的"摇摆"，剩下的时间我就完全没事。一直要到第二天晚上，我躺在床上，再一次数到一百时，那种痛苦的感觉又来了。我变得非常善于自欺欺人，骗了别人的同时也把自己骗了。

我认为，这是心理疾病和生理疼痛之间的另一个让人绝望的区别。

虽然心理疾病让我的日子充满黑暗，但它也给我带来了一些笑声。要是你像我一样一丝不苟地洗手，往往会得到其他人这样的嘲讽——"你手术什么时候开始?""走开，走开，该死的污渍!"等——但我的最爱，莫过于一位旧同事的恐怖杰作。

上班时，我正在厨房洗手，他走到我身后说，"你看起来像是在洗你的罪孽。"

我紧张地笑了起来。

他接着说，"你的罪孽还真不少。"

等他走开后，我真怀疑他会不会有一天杀了我，但回想起这件事，我还是会忍不住笑出来。

在我看来，应付心理疾病的一个方法就是要尽可能地寻找幽默。我会把舍曲林叫作"皮尔庞特"，把普萘洛尔叫作"普萘洛尔"（人名）。它们不再是让人心生畏惧的药片，而是摇身一变成了我生活中的人物，帮助我渡过难关。

我打趣并不是因为轻视自己的困难，也不是要贬低他人的挣扎，只是希望口嚼黄连唱山歌，即便是苦中也能作乐。

我是朋友们中臭名昭著的连环马桶堵手，原因是我总是会用太多没必要的厕纸。现在我已经好多了（事实上，距离我上一次堵桶事发已经一年多了），而强迫症过去曾控制我的一个方式就是上厕所时的过度清洁。

有一次，我把朋友家的马桶给堵了（给自己辩护一下，这个马桶很容易堵塞），为了表示歉意，我给她工作的地方寄了一束花，附带了一张卡片，上面写着：

"红色的玫瑰

蓝色的堇菜

我真的抱歉

将你马桶塞"

我们都禁不住咯咯傻笑。这表明了即便是强迫症带来的荒诞场面，我也能从容不迫地面对自己的糗样，顺便嘲讽自己一番，当然，这样的例子还有很多。

现在的我仍然会有"摇摆"，但我的生活不再受强迫症的控制；我的恐惧仍然存在，但绝对无法阻止我做想做的事情。跟大多数人一样，我会怀疑自己，但我知道自己的价值所在，我又一次对自己充满信心。我非常自尊自爱，知道我的感受和其他人一样重要。而且有必要的话，我也会坚持到底。

我接受机遇，享受社交活动，感觉再次融入了这个世界。我欣喜若狂，对事物充满期待，对未来兴奋不已——这是2016年那个冷漠而又疲惫，只剩躯壳的我所无法想象的。

我也明白了自己不需要什么都懂。心理咨询的目标之一是更好地了解自己，了解我为什么要这样思考和做事。我达成了这个目标，更好地理解了过去的创伤是如何影响我整个人，也明白了我的许多不安全感来自哪里。

但也有很多事情，我可能永远无法明白，也许我永远也无法真正搞懂我的父母为什么会这样对待我。我记得我的心理咨询师问我，"就算不理解又怎样呢？"她是对的。有些事情不需要理解，就是这样。反复思考发生过的事，然后胡乱猜测，这对我没有一点儿好处。我已经到了坦然接受过去发生的事情的时候。与其停留在过去，不如向前看，而且这样心里也好受很多。

我把自己的经验分享给别人，期望借自己的绵薄之力给别人希望。通过在网上分享我的故事，开诚布公，我希望能帮助其他人减少孤独感。我试着在力所能及范围的内开始关于心理健康的话题，尽我的一分力量来帮助消除谬见，打破偏见。

当我的一个好朋友（丹尼，拿拖把扫血的那位，请参考前文！）在我最困难的时候寄来了一张"早日康复"的卡片时，我突然发现，虽然这个想法非常体贴，但卡片所体现的精神却不太对劲，我不一定会像感冒痊愈一样"好起来"。心理疾病的恢复并不是循序渐进的，也不是可以衡量的，而且痊愈可能要花很长时间才能实现。

我受此启发，创造了蜜蜂卡片。这是一组卡片，上面写着我想听到的所有词。它会提醒你，即使没有进步也没有关系。最黑暗的时候并不是真实的你，你并不孤单。

"如果你现在不想出去玩也没关系。

你需要我的时候，我就在这里。

但是，如果有一段时间没有你的消息，我可能会过来看看。

来看看你没有被熊吃掉……"

"我们爱你。

你很坚强。

你真漂亮。

你真是太棒了。

最黑暗时候的你并不是真实的你。"

"做你需要做的事。

哭吧。睡吧。大喊大叫吧。

无论你需要什么，我都会在这里。（我还有一对很棒的肺！）"

"如果你现在还在挣扎，那也没关系。不要害怕，告诉我你需要什么，哪怕你只是需要一个拥抱和一个肉馅土豆馅饼。"

这些卡片很贴心，也很幼稚，最重要的是，非常人性化。它们的书写方式很像你跟朋友之间交谈的方式，而不是通用的"早日康复"卡片那样生硬而正式的语言。我从人们那里得到了积极

的反馈，他们说，这些话正是他们需要听到的，真的被这些卡片背后的含义所感动。

最近，我决定去文身。我想要一些象征性的、对我来说特别的东西，代表我的坚强和勇气。我喜欢分号文身的想法，分号暗含的意思感觉非常适合我——当作者可以结束他们的句子，但选择不结束时，就会使用分号。

然而，在打算做文身的前一天晚上，我又有了别的想法，我觉得有些不太对劲。我从来没有真的要结束我的生命，给出错误的暗示是不对的。每个人都会看到文身，并对我的经历做出自己的假设，而这些假设都会是错误的。

大约凌晨两点钟的时候，我对文身的想法嗤之以鼻。不久前，我还在推特上征求以吉尔莫女孩为设计灵感的文身，其中一个版本是一只蜻蜓，这是致敬罗蕾莱的旅馆。我否决了这个想法，因为感觉它不符合"我"，但我一时兴起，在谷歌上搜索了蜻蜓以及它们的象征意义。

我发现蜻蜓象征着勇气、力量和镇定，它代表的是一种源于心理和情感成熟的自我实现，也代表着逆境中的改变和力量。蜻蜓所代表的含义恰好跟分号一样，除此之外，蜻蜓也算是对吉尔莫女孩的一个友好致敬。

写这本书的经历是我做梦也没想到的。很早以前我就知道，我内心有一个故事，它等着有人能讲述出来，我还以为它会是一部关于神话和魔法的虚构大陆的小说——我做梦也没想到，这本书讲的是我自己。

我仍然梦想有一天能写出那部小说，但现在我只想说，与你们分享我的故事是一种荣幸和快乐。

我一直以来都迫切地想知道自己是谁，想找到归属感。在经历了长时间的挣扎后，我终于感觉自己做到了。我有了一个家，有朋友和家人组成的亲密团体。我知道自己热爱生命，也明白自己能贡献多少能力。在认知行为疗法的帮助下，我重新找回了自信和声音。

我找到了一个我全心全意爱的男人。2017年年底，我们（当然还有马蒂和小李子！）搬出了公寓，搬进了美丽的新家。

在自己的小房子里，与我美丽的小家庭共度时光，这种幸福真的难以言表。当我们都舒舒服服地坐在沙发上，猫咪在我们身旁打盹，或者周日早晨煮一杯咖啡，躺在床上，马蒂和小李子跳上床来，依偎在我们身边时，我觉得自己是世界上最幸运的人。

有时我会环顾四周，无论是在家里和戴夫的家人说说笑笑，还是周围都是朋友的时候，我都不敢相信自己是多么幸运。我已经找到了在这个世界上的立足之地，找到了我想要与之分享的人，我和我两个最好的朋友仍然超级亲密。还记得几年前我们的朋友皮特吗？他最后和朱莉结婚了！所以，戴夫最好的朋友娶了我最好的朋友，而且我们的房子只隔了两条街。我们一直是彼此的伴娘和伴郎，一起去度假，风雨同舟，欢声笑语。他们真的是我们的家人。

我非常感谢一路走来结交的所有朋友：我在大学里遇到的朋友，自从我搬到伯恩茅斯后走进我生活的那些好人，还有那些很快就要见面的网友们。我很感激你们每一个人成为我的朋友。

新家也让我们有了一个新的开始。我们在旧公寓里住了七年，囤了相当多的东西。我给自己下了命令，要把所有东西都清理出来——我太残暴了。我希望我们的新家装的只是我们喜欢和想要的东西。

拿到新房钥匙后，每个周末和下班后的大多数晚上，我们都在努力工作，按照我们的设想做粉刷和装修。我们买了新的地毯和家具，在选窗帘上有过争论，一切都按照我们喜欢的样子布置。我们在楼梯下面有一个非常可爱的小角落，我第一次看房子的时候就爱上了它。我把它改成了一个舒适小窝，里面放满了坐垫和彩色小灯。

　　我感觉自己有了一个全新的开始，我真的没想到自己会这么爱这个家。

　　因为邮递员和比萨送货员可以找到我们的房子，我再也不用沿着便便巷走到前门了。楼下的地板大多是硬木，非常容易清洁，屋里还有洗碗机和全新的厨房电器。我现在不仅喜欢打扫，而且享受信赖厨房烹饪的过程。之前我很讨厌旧公寓里的厨房，而且我们只有一张很小的餐桌，因此吃饭只是为了填肚子，我一点也不期待和享受吃饭的过程。现在不同了，我很喜欢做饭和招待客人，非常享受在餐桌上用餐。

　　在旧公寓里，卫生间也是一个我最头疼的地方。

　　我们现在的浴室非常好，它十分干净宽敞，这在很大程度上满足了我每次上厕所都需要洗澡的需要。但我的意思是，我不再"需要"做这件事了。我已经从一天大概八次洗澡变成了更合理的早晚洗澡。

　　也许我最大的成就是我不再"需要"我的"去污淋浴"了。还记得我和我的第二个心理咨询师制定的目标吗？能回到家一屁股坐在沙发上，或者去厨房里转来转去，不需要洗澡，这就是我现在的标准。我不再每时每刻都感觉自己脏——在自己的房子里，我不但感觉更舒服，而且对自己也更加自信了。

现在家真的成了我快乐的源泉，是我逃离外部世界的避风港——一个让我可以真正感到放松的地方。我曾经担心自己再也无法拥有家了，对我而言，有了一个新家，意义非凡。

如果你认识正在苦苦挣扎的人，我希望自己的经历能给你更多的了解，让你知道如何帮助支持他们；如果你是那个在挣扎的人，我的职责就是要让你知道，你可以而且也会变好。你可以得到帮助，你理应走出去请求帮助。

我一生都渴望稳定，向往家，向往家庭，向往归属感。我终于觉得自己实现了这一切，终于能感到幸福在敲门。我已经接受了自己，也有信心公开分享自己。

听起来可能很奇怪，但我不想改变过去的任何经历。多亏了我的心理疾病，我才知道我有多么坚强。它让我证明了自己的坚韧不拔，证明我有能力去拼搏，不仅要存活下来，还要卓尔不群。这些经历让我明白，无论感觉多么疲惫或绝望，我内心斗志的火苗从未完全熄灭。

谢谢你。感谢我的过去，感谢我的心理疾病，感谢困扰我这么多年的恐惧。

谢谢你让我明白真实的自己。

| 致谢 |

首先，我要感谢触点出版社，没有他们就不会有这本书。感谢你们发现我的博客，感谢你们在我身上看到一个我都没有意识到的故事，特别感谢凯蒂和我出色的编辑斯蒂芬妮。非常感谢你向我保证，我写的不是我常说的"一堆废话"。当然，还要感谢你把我的漫谈变成了一本书，你的作品真是有一种特殊的魔力。

感谢我的好朋友们——你知道我在讲你。我真的相信朋友是家人，是你自己可以选择的家人。而且我必须说，我的选择很对。

感谢我的丈夫，因为我想你值得一提。我很感激我们彼此能够相遇，这种感激之情无法用言语表达。毫无疑问，你是我所希望见到的最善良、最支持我和最棒的人。你每天都让我开心，你那独特的傻气总能让我开怀大笑，你会一直在厨房桌子的对面。

感谢我们的猫——马蒂和小李子，谢谢你们咬掉了我手稿的边边角角，为我提供了宝贵的帮助，没有你们，我完不成这本书。

我非常感谢心理健康网络社区里的所有坚强、勇敢的人，如果没有你们，这本书可能不会出版。请继续分享你们的故事，你们的声音将有助于改变世界，希望你们在想要放弃的时候能想到这一点。

最后，我想向我的家人表示衷心的感谢。感谢那些仍然在我们身边的人——还有那些不幸离开的人——希望我能让你们自豪。

致博伊尔

谢谢你在我最低谷的时候给了我希望。

谢谢你让我明白我的声音值得被倾听。

谢谢你帮助我再次相信自己。

谢谢你爱我，即使我是个讨厌鬼。